Chakresh Kumar
Ghanendra Kumar

Übertragung von optischem Licht im Vakuum

Chakresh Kumar
Ghanendra Kumar

Übertragung von optischem Licht im Vakuum

ScienciaScripts

Imprint

Cover image: www.ingimage.com

This book is a translation from the original published under ISBN 978-620-8-11838-9.

Publisher:
Sciencia Scripts
is a trademark of
Dodo Books Indian Ocean Ltd. and OmniScriptum S.R.L publishing group

120 High Road, East Finchley, London, N2 9ED, United Kingdom
Str. Armeneasca 28/1, office 1, Chisinau MD-2012, Republic of Moldova, Europe

ISBN: 978-620-8-20019-0

INHALTSVERZEICHNIS

KAPITEL 1: EINFÜHRUNG

1.1 Hintergrund

Die Freiraumoptik ist eine Technologie, bei der ein Signal in Form von Licht durch den freien Raum übertragen wird. FSO überträgt die Daten drahtlos von einem Ort zu einem anderen Ort. Dadurch werden die Kosten für das Netzwerk gesenkt, da keine Glasfasern für die Übertragung über große Entfernungen benötigt werden. Es ist ein sichereres System. Es kann große Gebiete in kürzester Zeit verbinden. FSO bietet eine Alternative zu Glasfasersystemen für Anwendungen auf der letzten Meile.

Dense Wavelength Division Multiplexing ist eine Technik, die mehrere Wellenlängensignale in einer optischen Faser mit einem Kanalabstand von weniger als 1 nm kombinieren kann.

Im heutigen Szenario besteht eine hohe Nachfrage nach hoher Bandbreite und hoher Datenrate zu geringeren Kosten. Die Zahl der Benutzer steigt von Tag zu Tag, die eine hohe Internetgeschwindigkeit benötigen, um Zwecke wie Videokonferenzen für Unternehmen, Studien und E-Commerce usw. zu erfüllen. Wir benötigen ein System mit hoher Übertragungskapazität und hoher Datenrate. Ich habe ein System vorgeschlagen, das uns eine hohe Bandbreite und eine hohe Datenrate bietet. Bei DWDM erhöht sich die Anzahl der Kanäle durch Verringerung der Kanalabstände, wodurch sich die Bandbreitenkapazität des Systems erhöht, und die Verwendung der FSO-Technologie erhöht die Datenrate, da das optische Signal in Form von sichtbarem Licht oder IR-Frequenzband mit Lichtgeschwindigkeit durch den freien Raum übertragen wird. Es müssen keine Frequenzlizenzen für die Übertragung erworben werden, wodurch sich die Kosten verringern. Daher werden mit dem DWDM-basierten FSO-System hohe Datenraten, hohe Bandbreiten und niedrige Kosten erreicht.

DWDM-FSO-Kommunikationssysteme können die Leistung bei Langstreckenübertragungen verbessern. Das DWDM-Verfahren bietet eine hohe Datenübertragungsrate durch Multiplexing mehrerer Benutzer. Dense Wavelength Division Multiplexing hat einen Kanalabstand von weniger als 1nm. Die hybride Kombination dieser beiden Techniken bietet eine hohe Bandbreite und eine hohe Datenrate.

Aufgrund der größeren Übertragungsentfernung treten Streuungsphänomene auf. Die Dispersion beeinträchtigt die Leistung des Kommunikationssystems. Um die Funktionalität des

Systems zu verbessern, verwenden wir in unserem vorgeschlagenen System eine Dispersionskompensationstechnik.

1.2 Entwicklung von DWDM

1. In den 1980er Jahren besteht es aus zwei Kanälen mit breitem Band WDM. 1310 nm und 1550 nm Wellenlänge mit größerem Abstand.
2. Anfang der 1990er Jahre kam die zweite Generation. Diese Generation ist als Schmalband-WDM bekannt. Sie enthält zwei bis acht Kanäle und hat einen Kanalabstand von 400 GHz.
3. Mitte 1990 besteht es aus 16 bis 40 Kanälen mit einem Kanalabstand von 100 bis 200 GHz.
4. In den späten 1990er Jahren kann es 64 bis 160 Datenkanäle mit 25 oder 50 GHz Kanalabstand übertragen.

1.3 Bandbreitennachfrage

Der Bandbreitenbedarf steigt mit der zunehmenden Nutzung des Internets. Die Nutzer von heute sind mit Plattformen wie Twitter, YouTube, Facebook, Whatsapp und Instagram usw. verbunden. E-Büros, E-Marketing, Unterhaltung, Blogs, Nachrichten - all diese Anwendungen verbrauchen Video- und Sprachformate, um mehrere Nutzer miteinander zu verbinden. Das Videoformat erfordert höhere Datenraten für eine gute Qualität und für eine einwandfreie Sprachqualität benötigen wir mehr Bandbreitenkapazität, um dieses Signal gleichzeitig zu übertragen. Um die zukünftige Nachfrage zu erfüllen, ist ein System erforderlich, das diese Anforderungen erfüllt.

Das Nielsen-Gesetz besagt nach einer experimentellen Analyse, dass die Verbindungsgeschwindigkeit pro Jahr um fünfzig Prozent zunimmt [1].

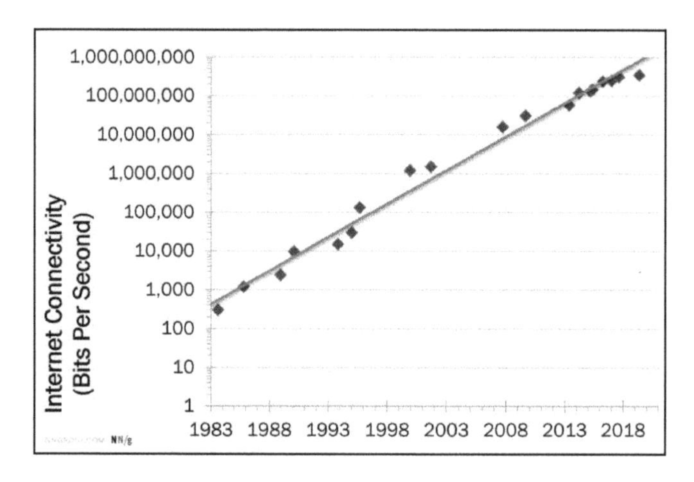

Abb. 0.1 Jährliches Bandbreitenwachstum nach dem Nielsen-Gesetz [1].

1.4 Anwendungen von FSO-Systemen

1.4.1 Bildungssystem

Heutzutage nimmt das Online-Studium immer mehr zu. Die Schüler verbinden sich mit den Lehrern im Online-Modus über Sprach- und Videomedien. Das FSO-System kann in Gebäuden auf dem Campus eingesetzt werden, um Hochgeschwindigkeits-Internet zu geringeren Kosten ohne die Installation von Glasfaserkabeln zu ermöglichen.

1.4.2 Sicherung in der Glasfaserverbindung

Sie kann als Backup-Verbindung verwendet werden, wenn die Glasfaserverbindung unterbrochen ist.

1.4.3 Militär

Dieses System ist sicherer, weil das Signal in optischer Form vorliegt und nicht von Hackern zum Diebstahl vertraulicher Informationen missbraucht werden kann. Es kann in kürzerer Zeit installiert werden und einen großen Bereich abdecken.

1.4.4 Netzwerk für Katastrophenhilfe

Manchmal ist ein Ort von Naturkatastrophen wie Überschwemmungen und Wirbelstürmen betroffen, und in dieser Situation kann das Fasersystem ausfallen. In dieser kritischen Situation können diese Systeme in kürzester Zeit eingesetzt werden, um Informationen über diese Orte an die Behörden zu übermitteln und ein neues Netzwerk zur Verbindung mit der Außenwelt aufzubauen.

1.4.5 Überwachungskameras

Das FSO-System kann eine hohe Videoqualität zur Unterstützung von Kameras für Überwachungszwecke liefern.

1.4.6 Krankenhaus der Zukunft

Wir können Ärzte, Sensoren, Computer und medizinische Geräte über dieses Konzept des Krankenhauses der Zukunft mit Hilfe der FSO-Technik verbinden [2].

1.4.7 Internet der Fahrzeuge (IOV)

Kommunikation von Fahrzeug zu Fahrzeug, um Unfälle bei Nebel zu vermeiden.

1.5 Vorteile von FSO-Systemen

1. Es ist bis jetzt lizenzfrei. Es reduziert die Kosten für dieses System und die Installationszeit.
2. Es handelt sich um ein sichereres System, da das Signal aufgrund der hohen Richtwirkung des FSO-Lasers nicht von HF-Messgeräten oder Spektrumanalysatoren erfasst werden kann.
3. FSO-Systeme sind nicht von elektromagnetischen Störungen betroffen.
4. Es bietet eine höhere Datenrate und eine niedrigere Bitfehlerrate.
5. Die Datenübertragung dauert weniger lang, da die Datenübertragung im freien Raum in optischer Form erfolgt. Das optische Signal breitet sich mit Lichtgeschwindigkeit aus. [3]
6. Diese Systeme sind im Vergleich zu Glasfasernetzwerken kostengünstiger, da das Signal im freien Raum übertragen wird und die Kosten für Glasfasern gesenkt werden.
7. Es kann in solchen Gebieten installiert werden, in denen es unmöglich ist, ein kabelgebundenes Netzwerk zu installieren, wie z. B. in den Bergen.
8. Es bietet eine hohe Bandbreite.
9. Es verbraucht weniger Strom.

1.6 Beschränkungen

1. Sender und Empfänger sollten sich in Sichtweite befinden, um eine genaue Übertragung zu gewährleisten.
2. Hindernisse wie Regen, Nebel und Wolken können die Leistung des Systems beeinträchtigen.

1.7 Parameter, die vor dem Entwurf von FSO-Systemen zu berücksichtigen sind

1.7.1 Atmosphärische Abschwächung

Atmosphärische Dämpfung durch Nebel und Regen verschlechtert die Leistung des FSO-Systems. Sie verringert den Leistungspegel des empfangenen Signals im Empfängerbereich. Das Beers-Lambert-Gesetz gibt die Beziehung zwischen der Dämpfung und der Entfernung der Verbindung an. Die Dämpfung variiert je nach den atmosphärischen Bedingungen. Sie wird durch das Beers-Lambert-Gesetz in Gl.(1.1) ausgedrückt [4]:

$$P_R = P_T \, e^{(-ax)} \tag{1.1}$$

P_R = Empfangene Leistung

P_T = Übertragene Leistung

α = Atmosphärischer Abschwächungskoeffizient

x = Entfernung der Verbindung (km)

Die atmosphärische Dämpfung hängt von Faktoren wie Streuung, Sichtbarkeit der Verbindung und Absorption ab. Diese Faktoren hängen von den im freien Raum vorhandenen Partikeln ab. Nebel und Regen beeinträchtigen die Leistungsparameter des FSO-Systems.

Die Absorption in der Atmosphäre hängt von der Wellenlänge ab. Die Streuung variiert je nach Radius der Partikel, die sich im freien Raum befinden. Rayleigh-Streuung tritt auf, wenn der Radius kleiner als die Wellenlänge ist. Mie-Streuung tritt auf, wenn der Radius des Teilchens ungefähr gleich der Wellenlänge ist. Nebeltröpfchen und Regentropfen sind streuende Teilchen. Geometrische Streuung tritt auf, wenn der Radius des Teilchens größer als die Wellenlänge ist.

1.7.2 Nebel

Nebelparameter, die für die Abschwächung verantwortlich sind:

- Partikelgröße
- Wassergehalt in flüssiger Form
- Temperatur
- Luftfeuchtigkeit

Die Größe der Nebelteilchen entspricht in etwa der Wellenlänge, weshalb Mie-Streuung auftritt. Die Bezugswellenlänge für den Sichtbarkeitsbereich ist 550 nm. Das Modell von Kruse und Kim wird zur Bewertung der Nebeldämpfung mit Hilfe von Sichtbarkeitswerten verwendet [4], [5].

Nebeldämpfung gemäß Gleichung (1.2):

$$\alpha_{\mathrm{fog}} = \frac{3.91}{V}\left(\frac{\lambda}{550\ \mathrm{nm}}\right)^{-\alpha} \tag{1.2}$$

V= Sichtweite in km

λ= Betriebswellenlänge (nm)

α= Größenverteilungskoeffizient der Streuung

Kruse-Modell, α ist gegeben durch:

$$\alpha = \begin{cases} 1.6 & V > 50\ km \\ 1.3 & 6\mathrm{km} < V < 50 km \\ 0.581 V^{\frac{1}{3}} & V < 6 km \end{cases} \tag{1.3}$$

Nach dem Kim-Modell ist α gegeben durch:

$$\alpha = \begin{cases} 1.6 & V > 50\ km \\ 1.3 & 6\mathrm{km} < V < 50 km \\ 0.16V + 0.34 & 1\mathrm{km} < V < 6 km \\ V - 0.5 & 0.5\mathrm{km} < V < 1\mathrm{km} \\ 0 & V < 0.5 km \end{cases} \tag{1.4}$$

1.7.3 Regen

Die Abschwächung durch Regen kann nicht vorhergesagt werden. Regen wirkt wie ein Hindernis auf dem Weg des optischen Signals, das vom Sender des FSO-Systems übertragen wird. Die Dämpfung des Regens hängt nicht von der Wellenlänge ab. Sie ist direkt proportional zur Niederschlagsintensität R (mm/Std.). Die Beziehung der Regenschwächung wird in der Carbonneau-Gleichung (1.5) [6] ausgedrückt.

$$A_r = 1.07\, R^{\,0.67} \tag{1.5}$$

A_r= Schwächung des Regens in (dB/km)

R = Niederschlagsmenge in (mm/h)

Die Dämpfung steigt mit zunehmender Niederschlagsmenge.

1.8 Link Randstreifen

Der Link-Margin ist ein sehr wichtiger Parameter. Die Bewertung der Link-Marge ist vor der Entwicklung eines FSO-Systems erforderlich.

1.9 Auswahl der optischen Wellenlänge in FSO-Systemen

1.9.1 Sicherheit der Augen

1. Bei der Auswahl der optischen Wellenlänge ist zunächst die Sicherheit der Augen zu berücksichtigen.
2. Bei einer Wellenlänge von 1550 nm werden die Laserstrahlen nicht auf der Netzhaut fokussiert, sondern von der Hornhaut und der Linse absorbiert.
3. Der Lasersender der Klasse 1M ist augensicher. Die Standardprotokolle zur Augensicherheit wurden von der Internationalen Elektrotechnischen Kommission (IEC) festgelegt.

1.9.2 Leistungsparameter

1. Sie bietet fünfzigmal mehr akzeptable sichere Laserleistung als die Wellenlänge 780 nm. Aus früheren Untersuchungen geht hervor, dass eine höhere Laserleistung die Übertragungsdistanz und die Datenrate erhöhen kann.
2. Laut Augensicherheitsprotokoll ist bei 1550 nm eine fünfzigmal höhere Leistungsübertragung möglich. Es kann die Durchdringungseigenschaften durch nebelartige atmosphärische Bedingungen verbessern. Es kann die Bitfehlerrate reduzieren.

1.9.3 Verfügbarkeit von Geräten

1. Optische Verstärker und Fotodetektoren sind für 1550 nm leicht erhältlich. Sie sind die wichtigste Komponente eines FSO-Systems. Optische Verstärker können den Leistungspegel schwacher Signale erhöhen und den Dispersionsfaktor verringern.
2. Eine große Auswahl an WDM-Komponenten bei 1550nm kann die Bandbreitenkapazität des Systems durch Multiplexing mehrerer Kanäle erhöhen.

1.10 Optischer Verstärker

1.10.1 Erbium-dotierte Faser-Verstärker

Der Erbium-dotierte Faserverstärker besteht aus einer Quarzfaser, die mit Erbium-Ionen dotiert ist (Er^{3+}). Wenn das Erbium-Material mit Hilfe eines Pumplasers von 980 nm oder 1480 nm angeregt wird, emittiert es im Endprozess Photonen im Bereich von 1525 bis 1565 nm.

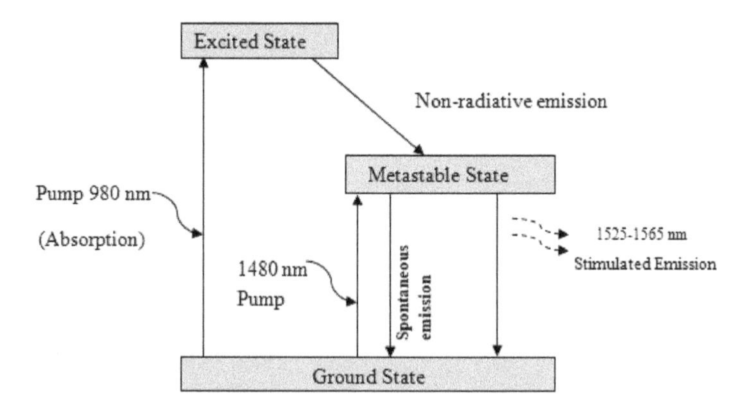

Abb. 0.2 Funktionsprinzip eines EDFA

Die 980-nm-Pumpe hat ein geringes Rauschen und lässt sich im Empfängerbereich leicht filtern, so dass sie besser ist als ein 1480-nm-Pumplaser.

Arbeitsprinzip des EDFA

1. Die Elektronen werden durch einen Pumplaser von 980 nm vom Grundzustand in einen angeregten Zustand mit höherem Energieniveau gebracht. Im angeregten Zustand verbleiben die Elektronen für eine kurze Zeitspanne, so dass sie in einen metastabilen Zustand fallen. Wenn die Elektronen aus dem angeregten Zustand in den metastabilen Zustand fallen, wird Energie freigesetzt, die jedoch nicht strahlenförmig ist.

2. Das Phänomen der Populationsinversion ist für die Lichtverstärkung verantwortlich. Die Lebensdauer der Elektronen ist im metastabilen Zustand länger als im angeregten Zustand, weshalb im metastabilen Zustand mehr Elektronen verfügbar sind.

3. Nach einiger Zeit fällt das Elektron aus dem metastabilen Zustand in den Grundzustand und sendet Strahlung in Form von Photonen aus. Diese spontane Emission erfolgt nicht in der gleichen Richtung wie die eintreffenden Photonen. Ihre Richtung ist von Natur aus zufällig. Dieses emittierte Photon stört andere Elektronen, die sich im metastabilen Zustand befinden, und diese Elektronen fallen in den Grundzustand, wodurch ein Photon mit einer Wellenlänge von 1550 nm freigesetzt wird, was zu stimulierter Emission führt. Die Wellenlänge und Richtung dieser emittierten Photonen variiert je nach Eingangssignal.

4. Das durch stimulierte Emission emittierte Photon wird mit dem optischen Eingangssignal derselben Wellenlänge und Richtung addiert. Es bewirkt eine Verstärkung des Signals.

Vorteile von EDFA

1. EDFA kann das Frequenzspektrum von 1530nm bis 1565nm verstärken.
2. Im Handel leicht erhältlich in konventioneller Ausführung.
3. Er bietet eine hohe Verstärkung von bis zu 50 dB.
4. Es hat eine geringere Rauschzahl von 4,5 dB bis 6 dB und kann daher für die Übertragung von Langstreckensignalen verwendet werden.
5. Im Falle von Wellenlängenmultiplexing kann er das Signal gleichzeitig verstärken.
6. Unempfindlich gegen das Problem des Übersprechens zwischen mehreren Kanälen.
7. Bei EDFA sorgen hohe Pumpleistungsnutzungsfaktoren für mehr Effizienz.

Benachteiligungen

1. Pumpenlaser für den Betrieb erforderlich.
2. Die Größe der EDFA ist nicht kleiner.

1.10.2 Raman-Verstärker

Raman-Verstärker nutzen das Phänomen der stimulierten Raman-Streuung für Verstärkungszwecke. Im Raman-Verstärker kann das Verstärkungsspektrum mit einem Pumplaser mit mehreren Wellenlängen variiert werden. Die optische Faser dient als Verstärkungsmedium, in dem das optische Eingangssignal mit dem Pumplasersignal interagiert. Die optische Welle des Pumplasers des Raman-Verstärkers erzeugt Vibrationen im Material der optischen Faser, wodurch das einfallende Licht in eine niedrigere und eine höhere Frequenz umgewandelt wird. Die Wellen mit niedrigerer Frequenz werden als Stokes-Wellen und die Wellen mit höherer Frequenz als Anti-Stokes-Wellen bezeichnet. Diese Schwingungen entstehen durch den Energieaustausch zwischen den Photonen und den Molekülen des Materials der optischen Faser.

Das für die Gestaltung des Faserkerns verwendete Dotiermaterial ist für die Raman-Verstärkung verantwortlich.

Energieumwandlungsphänomene hängen von der Raman-Verstärkung ab. Bei der Vorwärtsstreuung gibt es ein Übersprechproblem, so dass die Rückwärtsstreuung für die Verstärkung im Raman-Verstärker bevorzugt wird.

Vorteile des Raman-Verstärkers

1. Es ist geräuschärmer.
2. Es kann ein breites Spektrum an Bandverstärkung bieten.

Beschränkungen des Raman-Verstärkers

1. Sie erfordert eine hohe Pumpenleistung.
2. Es gibt ein Übersprechproblem zwischen den Kanälen.

1.11 Blockdiagramm des vorgeschlagenen DWDM-FSO-Systems

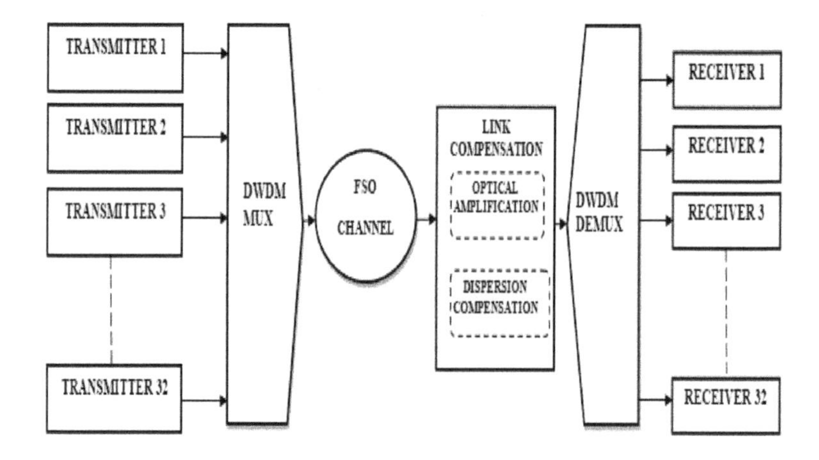

Abb. 0.3 Blockdiagramm des vorgeschlagenen DWDM-FSO-Systems mit verschiedenen optischen Verstärkungs- und Dispersionskompensationstechniken .

1.12 Die Hauptkomponenten des DWDM FSO-Systems

1.12.1 Sender

Der Sendeteil besteht aus einem Pseudozufallssequenzgenerator, einem NRZ-Pulsgenerator, einem Mach-Zehnder-Modulator und einem CW-Laser. Der Senderteil moduliert die Quelldaten. Die Modulation erfolgt durch einen Mach-Zehnder-Modulator.

1.12.2 Multiplexer

Es kombiniert die verschiedenen Datenströme. Diese kombinierten Datenströme werden durch den fso-Kanal geleitet. Ich verwende DWDM-Multiplexing in diesem vorgeschlagenen System. Die Datenkanäle werden mit 32X1 WDM MUX gemultiplext und das zusammengesetzte optische Signal wird dann über den FSO-Kanal übertragen.

1.12.3 FSO-Kanal

Der freie Raum ist der Kanal für die Ausbreitung. Die durch den freien Raum übertragenen Signale werden durch Regen, Nebel, Schnee und Wolken usw. gestört.

1.12.4 Empfänger

Der Empfängerbereich umfasst einen De-Multiplexer, einen Fotodetektor, einen Tiefpassfilter und einen BER-Analysator. Das Signal im Empfängerteil wird mit einem 1X32 WDM De-Multiplexer de-multiplext und dieses Signal wird von einem Photodetektor erfasst. Ich verwende einen APD-Fotodetektor aufgrund seiner hohen Empfindlichkeit. Dieses Signal wird durch einen Bessel-Filter geleitet, um das ursprüngliche Signal zu erkennen und die Bitfehlerrate des vorgeschlagenen Systems zu reduzieren.

1.12.5 Optischer Verstärker

Optische Verstärker werden zur optischen Verstärkung von Signalen verwendet, und diese optischen Verstärker umfassen EDFA (Erbium-dotierter Faserverstärker) und Raman-Verstärker. In diesem vorgeschlagenen System verwende ich eine Nachverstärkungstechnik mit verschiedenen optischen Verstärkerkonfigurationen, um die Bitfehlerrate des Systems zu verbessern.

1.12.6 Dispersionskompensation

Ich werde mein vorgeschlagenes System unter Verwendung eines Faser-Bragg-Gitters testen, um die Auswirkungen der Dispersion zu verringern und die Leistung unseres Systems durch Verringerung der Bitfehlerrate, Erhöhung des Qualitätsfaktors, des Signal-Rausch-

Verhältnisses und des OSNR usw. zu verbessern. Das Glasfasergitter wird verwendet, um Verluste zu kompensieren, die bei der Übertragung von Daten über große Entfernungen im freien Raum auftreten. Die Systemleistung verschlechtert sich aufgrund des Dispersionseffekts, der zu einer Verbreiterung des Pulses führt und es im Empfängerbereich erschwert, das ursprüngliche Signal zu erkennen. Verschiedene Signale haben unterschiedliche spektrale Parameter und unterschiedliche Gruppenlaufzeiten, was zu Übersprechproblemen und einer Streuung des Signals führt. In meinem vorgeschlagenen System verwende ich die Faser-Bragg-Gitter-Dispersionstechnik.

Faser-Bragg-Gitter

Faser-Bragg-Gitter-Dispersionskompensationstechnik auf der Grundlage der Fresnel-Beugung. Wenn sich ein optisches Signal durch verschiedene Brechungsindizes ausbreitet, wird es an der Schnittstelle reflektiert und gebrochen, so das Prinzip des Fasergitters.

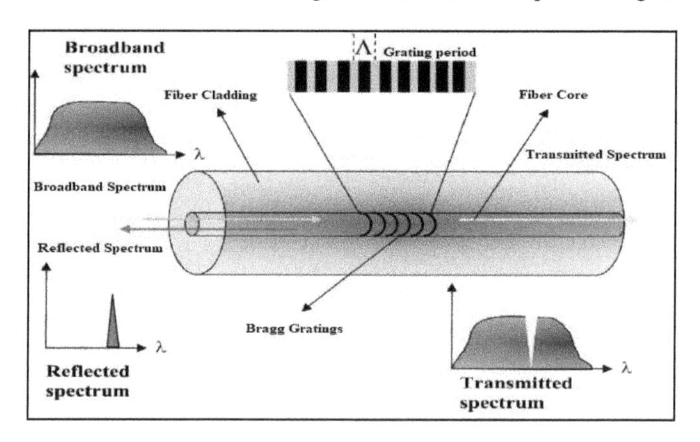

Abb. 0.4 Grundprinzip eines Faser-Bragg-Gitters [7]

Die reflektierte Wellenlänge λ_{bragg} wird anhand der folgenden Beziehung berechnet [7] :

$$\lambda_{bragg} = 2n_{eff}\,\Lambda \tag{1.6}$$

Λ = Teilungsperiode

neff = Effektiver Brechungsindex des Gitters im Faserkern

Die Bragg-Wellenlänge wird vom Gitter reflektiert.

Wenn sich das optische Spektrum durch das Fasergitter bewegt. Die Wellenlänge des optischen Signals, die der Bragg-Wellenlänge entspricht, wird auf die Eingangsseite zurückreflektiert, während das restliche Spektrum auf die andere Seite des Glasfasergitters gelangt.

1.13 Literaturübersicht

Die hohen Bandbreiteneigenschaften von FSO-Systemen erfüllen die Anforderungen von Anwendungen wie Sprache über das Internetprotokoll, Internetprotokoll-Fernsehen und Internet der Dinge usw. [8]. Durch die Implementierung dieses Systems für verschiedene Anwendungen können wir eine größere Anzahl von Benutzern anschließen.

Das Konzept des HoF wird ein Segen für das Gesundheitswesen sein. Es kann mehrere Patienten, Ärzte, Sensoren und medizinische Geräte miteinander verbinden. Dies macht den Inhalt der Patientendaten sicher, sicher und reduziert auch den gefährlichen Zustand aufgrund der Belastung durch Hochfrequenzsignale. Es hält die Sicherheitsrichtlinien der spezifischen Absorptionsrate ein. Der von der FCC festgelegte SAR-Grenzwert für die Belastung durch Funkwellen beträgt 1,6 W/kg. Hof (Krankenhaus der Zukunft) umfasst tragbare Geräte zur Messung physiologischer Parameter von Patienten. Wir können die kritischen Parameter der Patienten leicht diagnostizieren und sie von kritischen Krankheiten wie Herzinfarkt, Blutdruck usw. heilen. Es kann auch das Problem der Mobilität lösen, wenn Patienten bewegen tragbare Gerät kann das Signal durch drahtlosen Modus über fso im Krankenhausgelände sendet.

Zukünftige Trends wie das Internet der Fahrzeuge machen die FSO-Technik populär und zuverlässig für die Menschheit, indem sie die Herausforderungen der aktuellen Technologien überwinden.

Die BER steigt mit zunehmender Entfernung der Verbindung. Der Qualitätsfaktor verschlechtert sich mit zunehmender Entfernung der Verbindung. Die Übertragung von 8 Kanälen mit einer Datenrate von 5 Gbit/s bei einer Dämpfung von 3,5 dB hat eine Reichweite von bis zu 4 km. Das empfangene Signal hängt von den Dämpfungsparametern des FSO-Kanals ab [9]. Mit Hilfe von Augendiagramm-Parametern wie Augenöffnung und Augenschließung können wir die Leistung von FSO-Systemen abschätzen. Das NRZ-Modulationsformat bietet eine verbesserte Augenöffnung im Vergleich zu anderen Formaten wie RZ und duobinären Formaten [10]. Die Augenöffnung variiert in Abhängigkeit von Dispersion und Rauschen. Wenn das Rauschen zunimmt, verringert sich die Augenöffnung. Daraus ergibt sich, dass eine größere Augenöffnung ein gutes Signal-Rausch-Verhältnis und eine niedrige Bitfehlerrate ergibt.

Wenn ein Signal über einen FSO-Kanal übertragen wird, wird es durch die atmosphärische Dämpfung beeinträchtigt. Dieses Signal hat verschiedene Spektralkomponenten, die sich mit unterschiedlichen Geschwindigkeiten ausbreiten, was zu einer Gruppenlaufzeit führt. Aufgrund der Gruppenverzögerung kommt es zur Streuung des Signals und zur Impulsverbreiterung. Um das Problem der chromatischen Dispersion zu überwinden, werden EDFA und Dispersionskompensationsfasern verwendet. Sie können den Qualitätsfaktor, das Signal-Rausch-Verhältnis verbessern und den Rauschfaktor reduzieren [11].

Der Qualitätsfaktor sinkt mit zunehmender Anzahl der Benutzer, der Verbindungsentfernung und der Datenrate [12]. Die DWDM-MIMO-Technik mildert die atmosphärischen Bedingungen, indem sie mehrere Pfade für die Übertragung bereitstellt und die Bitfehlerrate reduziert.

Dispersionskompensationstechniken werden zur Reduzierung der Bitfehlerrate eingesetzt. Wenn das Signal über längere Strecken übertragen wird, verbreitert es sich und die Dispersion nimmt zu. Die Dispersion kann durch den Einsatz von Glasfasergittern kompensiert werden [13].

KAPITEL 2: FORSCHUNGSMOTIVATION

Heutzutage, wo Epidemien wie COVID und Schwarzer Pilz grassieren, hat die Arbeit von zu Hause aus im Online-Modus zugenommen. Auch im Bildungssystem hat es Veränderungen gegeben. Die Online-Ausbildung hat zugenommen. In einer solchen Situation hat die Zahl der Internetnutzer zugenommen. Kinder aus armen Schichten können immer noch nicht am Online-Unterricht teilnehmen, weil er für sie zu teuer ist. Deshalb brauchen wir ein System, das Internet zu niedrigen Kosten bereitstellt. Das DWDM FSO-System ist in einer solchen Situation ein Segen.

In letzter Zeit häufen sich Naturkatastrophen wie der Zyklon Yaas und Überschwemmungen aufgrund von Klimaveränderungen. Bei Naturkatastrophen kommt es zu Netzwerkausfällen aufgrund von Schäden an der Netzwerkinfrastruktur. In dieser Situation besteht die größte Herausforderung darin, die Verbindung zum Netzwerk in kürzester Zeit wiederherzustellen, damit das betroffene Gebiet mit den Behörden und Hilfskräften kommunizieren kann, um das Leben der Betroffenen zu retten und ihnen Nahrung, Wasser und medizinische Versorgung zu bieten. Dieses System kann als Disaster Recovery durch den Zugriff auf Informationen in kürzerer Zeit verwendet werden.

2.1 Problemstellung

Im heutigen Szenario sind eine hohe Internetgeschwindigkeit und eine hohe Kapazität des Kanalspektrums erforderlich, um eine Vielzahl von Nutzern in einem Netzwerk mit niedriger Bitfehlerrate zu verbinden, damit z. B. Videos ohne Unterbrechung gestreamt werden können und eine ununterbrochene Sprachübertragung bei Videokonferenzen möglich ist. Im Geschäftsleben ist die Upload-Geschwindigkeit sehr wichtig, wenn Cloud-basierte Anwendungen wie Microsoft One Drive oder Dropbox, Google Docs zum Austausch von Dateien verwendet werden. Im Bankensektor sind E-Transaktionen aufgrund der geringeren Geschwindigkeit gescheitert. Aufgrund der COVID-19-Pandemie steigt der Anteil des E-Learnings anstelle von Offline-Bildungsmodellen. Für das Online-Studium benötigt jeder Student Hochgeschwindigkeits-Internet zu geringeren Kosten, da sich einige Studenten kein teures Hochgeschwindigkeits-Internet leisten können.

Die Technologie der Freiraum-Optik hat eine hohe Bandbreite und erfordert keine Frequenzlizenz. Das macht diese Technologie weniger kostspielig. Die DWDM-Technik löst das Problem des zunehmenden Bandbreitenbedarfs durch den Anschluss einer größeren Anzahl von Benutzern. Die Kombination von FSO- und DWDM-Techniken ermöglicht eine hohe Datenrate, eine hohe Übertragungskapazität und eine niedrige Bitfehlerrate bei geringeren Kosten. Das vorgeschlagene System kann auch in solchen Gebieten eingesetzt werden, in denen kein kabelgebundenes Netzwerk installiert werden kann, und es kann für zukünftige schnelle Netzwerke verwendet werden. Es macht das Studium erschwinglicher, indem es die Transportkosten und die Internetkosten senkt und die Zeit der Studenten spart.

2.2 Zielsetzungen

- Untersuchung der Leistung von DWDM FSO-Systemen mit verschiedenen optischen Verstärkertechniken.
- Analyse der Leistung der FSO-Verbindung durch Variation der Strahlendivergenzparameter bei leichtem atmosphärischem Nebel.
- Um die Reichweite des Signals zu erhöhen.

2.3 Werkzeuge für die Simulation

1. MATLAB R2017a für die Erstellung von Diagrammen.
2. Optisystem 7.0 für die Simulation des vorgeschlagenen Systems, um die Leistung zu analysieren.

KAPITEL 3: FORSCHUNGSMETHODIK

3.1 Entwurf eines 32-Kanal-DWDM-Systems auf FSO-Basis unter Verwendung verschiedener Techniken zur Verbesserung der Systemleistung.

Das vorgeschlagene System besteht aus 32 Kanälen eines FSO-basierten DWDM-Systems. Jeder Kanal hat eine Datenübertragungsrate von 5 Gbps. Dieses System wird für insgesamt 160 Gbps für verschiedene Parameter wie BER, Qualitätsfaktor, OSNR, Signalleistung getestet. Der Senderteil besteht aus einem Pseudozufallssequenzgenerator, einem NRZ-Pulsgenerator, einem Mach-Zehnder-Modulator und einem CW-Laser. Der CW-Laser dient als optische Quelle. NRZ ist ein Zeilencodierungsschema, Mach-Zehnder-Modulator wird für die Amplitudenmodulation verwendet. 32 Kanäle liefern mehrere Datenströme. Ein Multiplexer kombiniert die verschiedenen Datenströme. Diese gemultiplexten Datenströme werden durch den FSO-Kanal im freien Raum geleitet. Der Empfängerbereich umfasst einen Fotodetektor, einen Tiefpassfilter und einen BER-Analysator.

Ich werde das vorgeschlagene System testen, indem ich verschiedene optische Verstärkerkonfigurationen, Dispersionskompensationstechniken und verschiedene Modulationsformate verwende, um die Systemleistung zu verbessern.

Die Leistung des FSO-Systems hängt von Faktoren wie Bitfehlerrate, Qualitätsfaktor, OSNR, Signal-Rausch-Verhältnis und Übertragungsentfernung ab. Wenn Daten über eine größere Entfernung übertragen werden, tritt Dispersion auf. Um diese zu kompensieren, verwende ich verschiedene Dispersionstechniken, um die Auswirkungen der Dispersion auf das Signal zu reduzieren.

In einem DWDM-FSO-System sind die größten Hindernisse die Dämpfungen in der Atmosphäre aufgrund von Regen, Nebel, Staub, Schnee usw. Das Signal wird schwach, wenn es mit atmosphärischen Störungen interferiert. Ich werde optische Verstärker verwenden, um das Signal zu verstärken und die Verluste in diesem System zu kompensieren. Optische Verstärker wie EDFA und RAMAN-Verstärker werden verwendet, um die Auswirkungen auf die Leistung des Systems zu testen.

Das Hauptziel dieser Systemsimulation ist die Verbesserung des vorgeschlagenen DWDM-FSO-Systems mit FSO-Übertragungsstreckenausgleich.

Die Untersuchung des vorgeschlagenen Systems umfasst die Auswirkungen der Dispersionskompensationstechnik und der optischen Verstärkerkonfigurationen auf die Leistung des Systems. Die Leistung des Systems wird mit Hilfe von BER-Wert, Qualitätsfaktor, OSNR und Augenhöhenparametern bewertet. Ich verwende die Software optisystem 7, um das vorgeschlagene System zu simulieren. Die Bitfehlerrate und der Qualitätsfaktor werden mit dem Bitfehlerratenanalysator analysiert.

3.2 Überlegungen zur Gestaltung

1. Auswahl der Frequenz für ein DWDM-FSO-System mit 0,8 Kanalabständen.
2. Bei der Auswahl der Frequenz der Laserquelle sind Sicherheitsaspekte wie die zulässige Exposition zu berücksichtigen. Sie sollte augensicher sein.
3. Berücksichtigen Sie den Dämpfungsgrad bei unterschiedlichen atmosphärischen Bedingungen.
4. Überlegen Sie sich ein geeignetes Verstärkungsschema für den Verbindungsausgleich.
5. DWDM-Gitter (ITU-T G.694.1).

3.3 DWDM-Multiplexer Kanalfrequenzzuweisung

32 Frequenzkanäle gemäß ITU-T G.694.1[14].

3.3.1 Optisystem Kanalfrequenzzuweisung

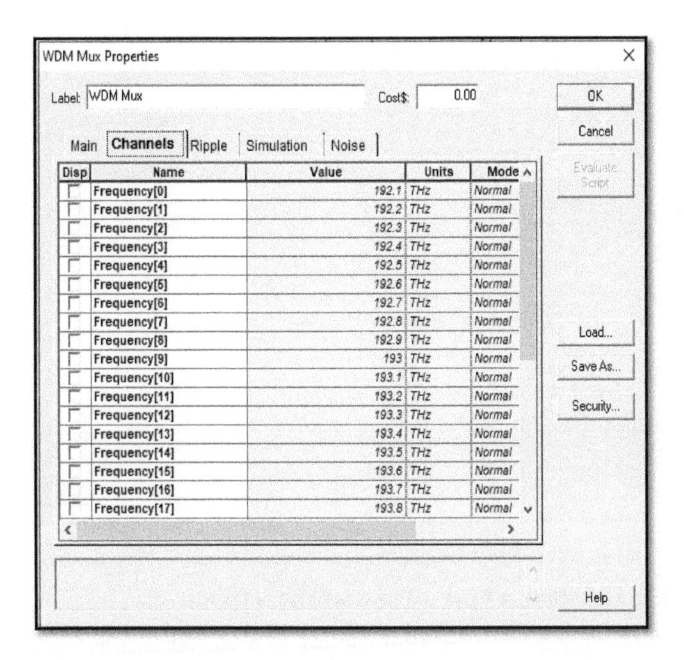

Abb. 0.1 WDM-Multiplexer-Kanalfrequenzzuweisung von Kanal 1 bis Kanal 18.

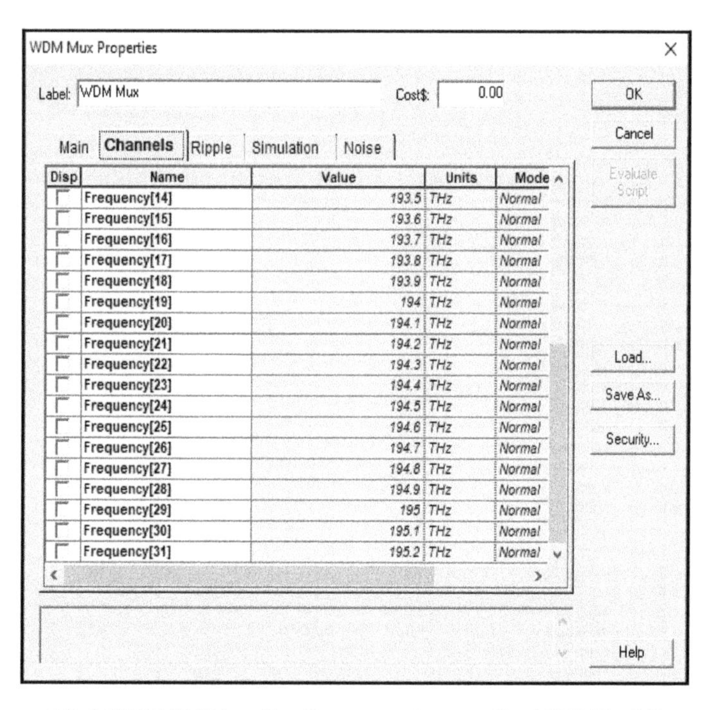

Abb. 0.2 WDM-Multiplexer Kanalfrequenzzuordnung von Kanal 19 bis Kanal 32

ENTWURFSPARAMETER FÜR DWDM-MULTIPLEXER

Der Wellenlängenbereich zwischen 1530 nm und 1565 nm wurde gemäß ITU-T G.694.1 100GHz Kanalabstand C-Band Frequenz DWDM Grid ausgewählt. Die Auswahl der Wellenlängen hängt von der Art des optischen Verstärkers ab, der für die Verstärkung verwendet wird, damit das System eine gute Antwort liefert. Ich verwende EDFA als optischen Verstärker. EDFA-Verstärker sind als konventionelle Bandverstärker bekannt. Der Betriebsbereich des EDFA-Verstärkers reicht von 1530 bis 1565 nm, daher wähle ich ein C-Band-Frequenzraster, um mein System zu entwerfen. EDFA kann mehrere Kanäle gleichzeitig verstärken und eine flache Verstärkung für den Betriebsbereich bieten.

3.4 Untersuchung der Leistung des vorgeschlagenen DWDM-FSO-Systems mit Nachverstärkungstechnik.

Das vorgeschlagene System wurde für verschiedene optische Verstärker wie EDFA, Raman-Verstärker und eine hybride Kombination aus EDFA und Raman getestet. Diese Verstärker werden im vorgeschlagenen DWDM-FSO-System mit Nachverstärkungstechnik angeschlossen. Bei der Nachverstärkungstechnik wird der optische Verstärker vor dem Empfängerteil angeschlossen.

In diesem Entwurf besteht das vorgeschlagene System aus einem DWDM-FSO-System mit 32 Kanälen. Dieses System überträgt 32 Kanäle mit 0,8 nm Kanalabstand. Die Datenrate eines jeden Übertragungskanals beträgt 5 Gbit/s. Als Energiequelle wird eine Dauerstrich-Laserdiode verwendet, die eine kontinuierliche Wellenlänge des Lasersignals liefert. Das Lasersignal wird als Träger verwendet, um das elektrische Eingangssignal zu modulieren. Der im Übertragungsteil verwendete Leistungspegel beträgt 10dBm. Im Übertragungsteil werden die von verschiedenen Kanälen kommenden Signale von einem Multiplexer gemultiplext. Diese gemultiplexten Daten von verschiedenen Kanälen werden durch den freien Raum übertragen. Der Kanal für die Ausbreitung des optischen Signals ist der freie Raum. Das durch den freien Raum übertragene Signal wird durch atmosphärische Bedingungen wie Regen, Dunst und Schnee usw. beeinflusst. Dieses Signal wird durch optische Verstärker wie EDFA, SOA und Raman-Verstärker verstärkt. Der optische Verstärker wird verwendet, um das Signal zu verstärken und den Verlust zu kompensieren, der durch den FSO-Kanal entsteht. Das empfangene Signal wird mit einem 1×32-De-Multiplexer de-multiplext und mit einem APD-Fotodetektor erfasst. Der Bessel-Filter wird verwendet, um das ursprüngliche Signal wiederherzustellen. Die Systemleistung wird mit BER-Analysatoren analysiert. Der Entwurf und die Simulation werden mit Hilfe der Software Optisystem 7 durchgeführt.

Tabelle 0.1 Entwurfsparameter in einem DWDM-FSO-System

Parameter	**Werte**
Strom	10dBm
Abstand zwischen den Kanälen	0,8 nm
Datenrate der einzelnen Kanäle	5 Gbit/s
Anzahl von Kanälen	32
C-Band	1530-1565 nm

3.5 Entwurf des Simulationsaufbaus

Entwurf eines 32-Kanal-FSO-DWDM-Systems mit Optisystem 7. Das vorgeschlagene FSO-DWDM-System wurde mit der Software Optisystem 7 entworfen.

3.5.1 Optiksystem-Layoutentwurf des vorgeschlagenen DWDM-FSO-Systems 1 mit Erbium-verdoppeltem Faserverstärker Nachverstärkungstechnik

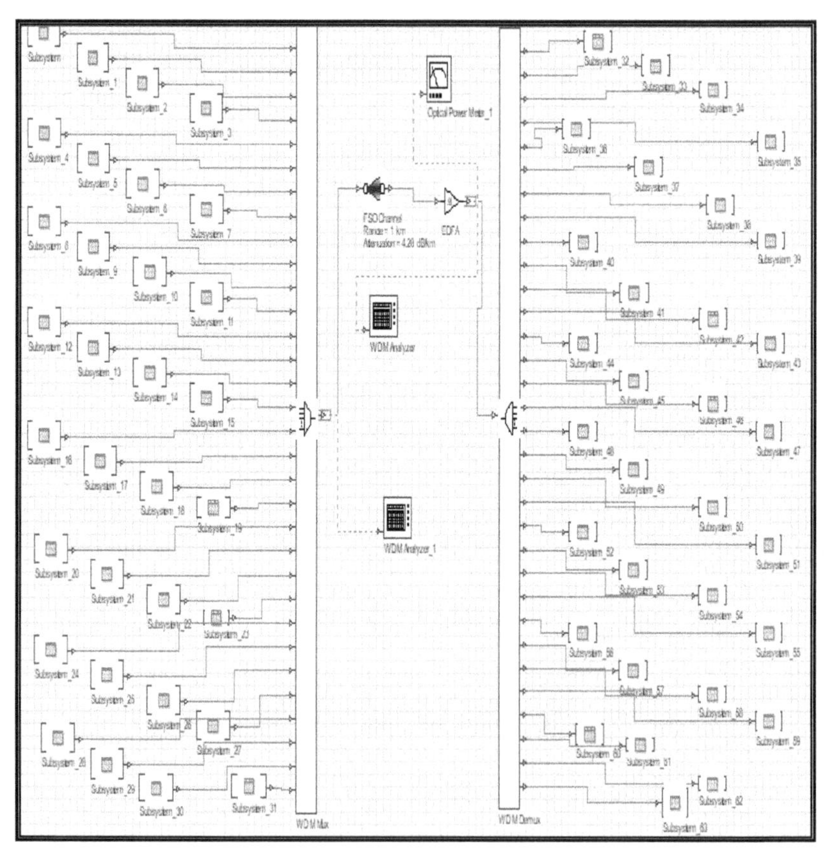

Abb. 0.3 Optisches Layout des vorgeschlagenen DWDM-FSO-Systems 1 mit EDFA

Tabelle 0.2 Dämpfungsparameter des FSO-Kanals

Atmosphärische Bedingungen	**Abschwächung (dB/Km)**
Leichter Nebel	4,28 dB/km
Leichter Regen	6,27 dB/km
Klare Luft	0,2 dB/km

Optisystem Layout Entwurf des Senderteils

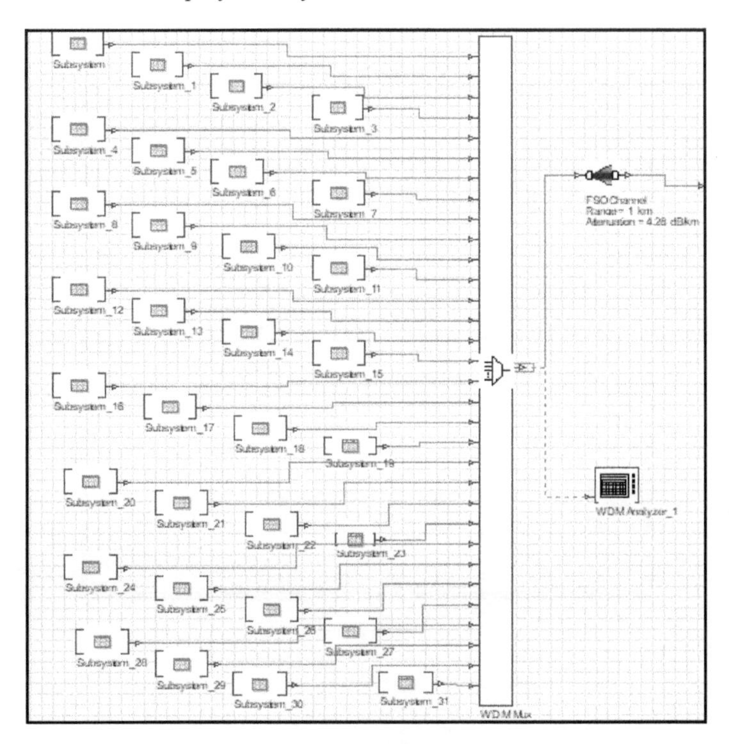

Abb. 0.4 Bereich des Senders

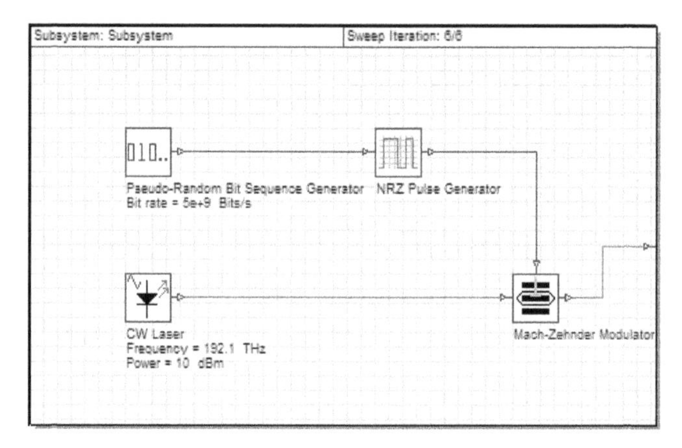

Abb. 0.5 Teilsystem des Senders

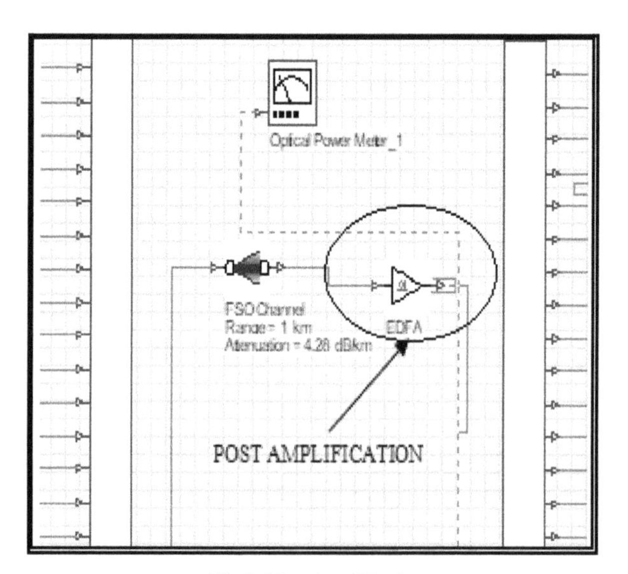

Abb. 0.6 Post-Amplifikation

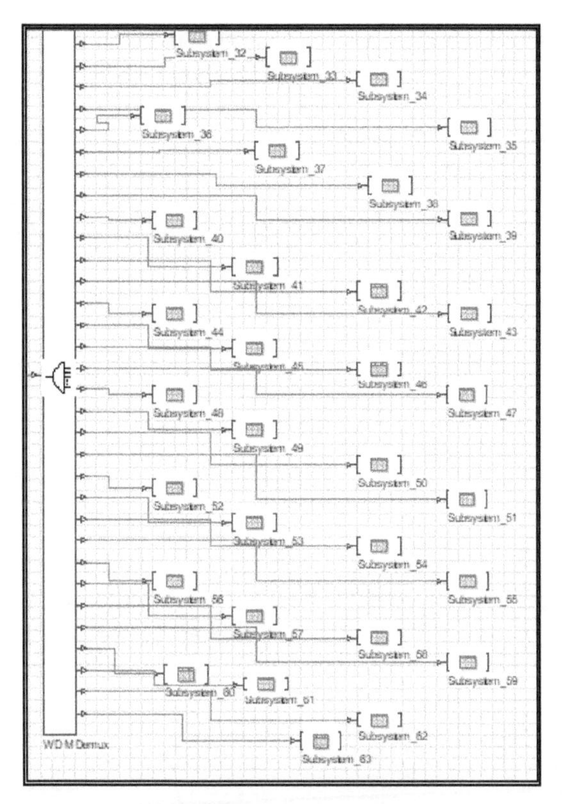

Abb. 0.7 Schnitt durch den Empfänger

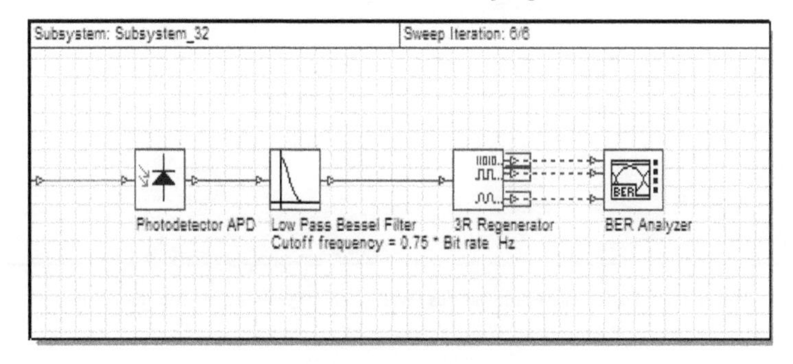

Abb. 0.8 Teilsystem des Empfängers

3.5.2 Optiksystem-Layoutentwurf des vorgeschlagenen DWDM FSO-Systems 2 unter Verwendung des Raman-Verstärkers.

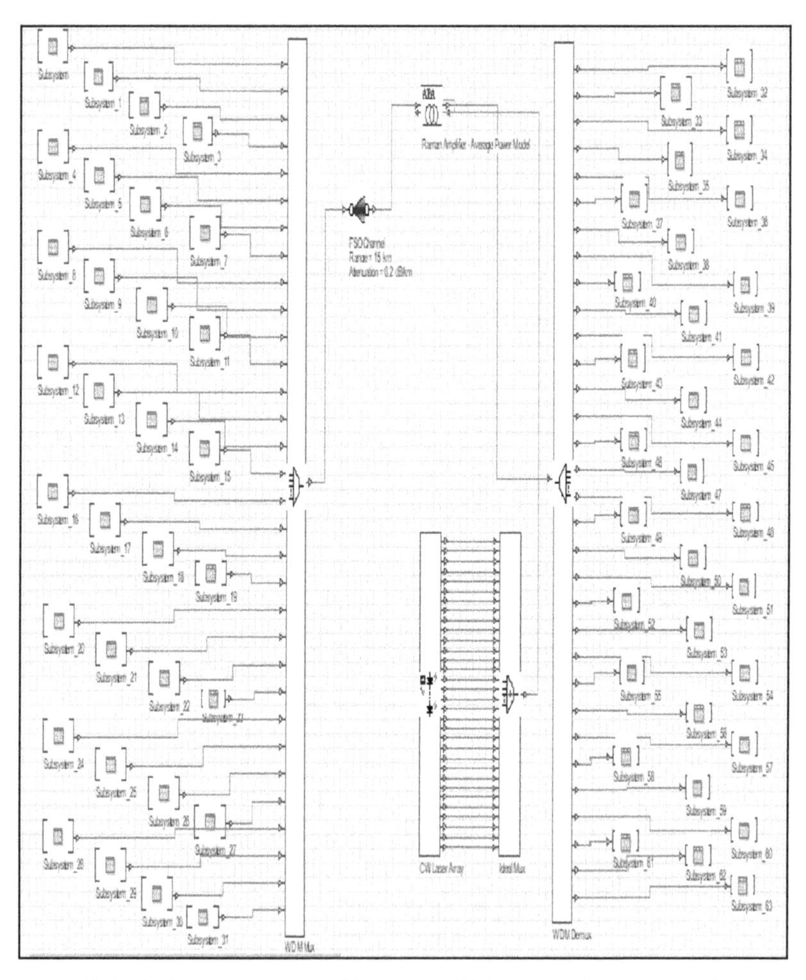

Abb. 0.9 Optisystem-Layoutentwurf des DWDM-FSO-Systems 2 mit Raman-Verstärker

3.5.3 Optisches Systemlayout des vorgeschlagenen DWDM FSO Systems 3 mit EDFA-Raman Verstärker.

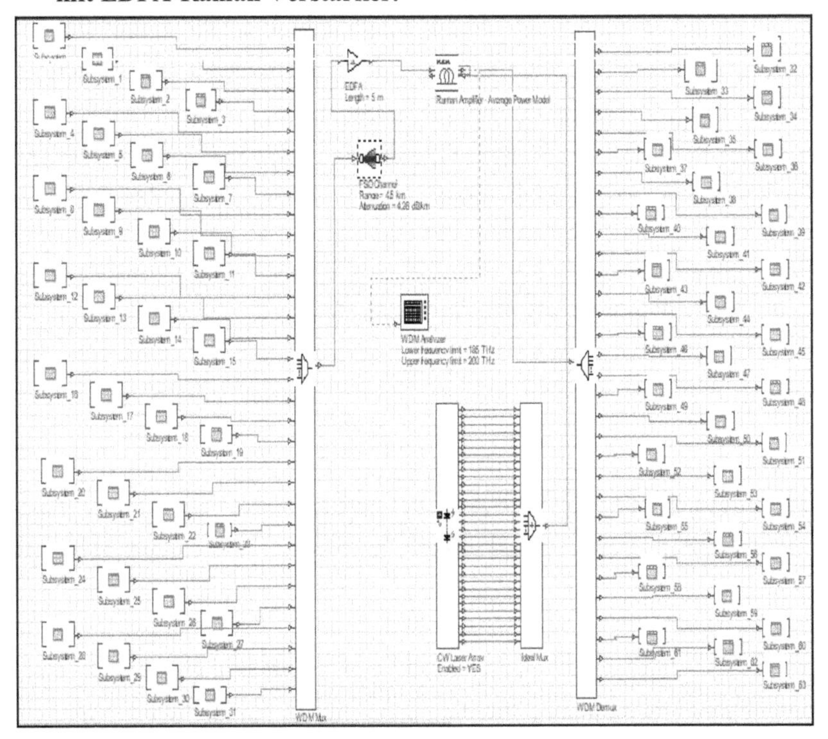

Abb. 0.10 Optisystem-Layoutentwurf des DWDM-FSO-Systems 3 mit EDFA-Raman-Verstärker

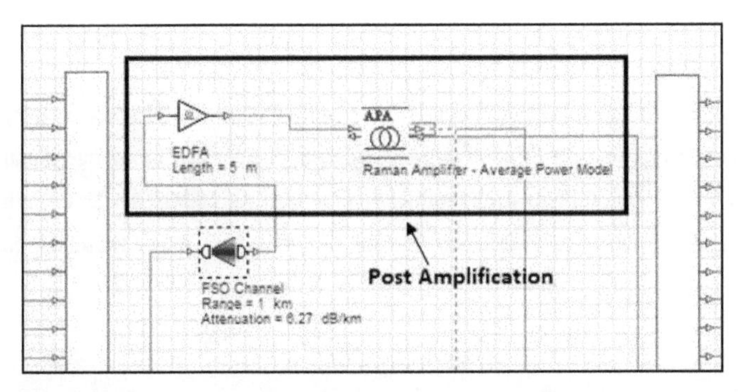

Abb. 0.11 Nachverstärkung durch hybride Kombination von EDFA-Raman-Verstärker

3.6 Untersuchung der Leistung des vorgeschlagenen DWDM FSO durch Variation der Strahldivergenz.

Wenn ein Signal von einer optischen Quelle ausgeht, breitet sich das optische Signal vom Sender zum Empfänger aus, wobei das Licht in einem bestimmten Winkel divergiert, dem Divergenzwinkel. Die am Empfänger empfangene Leistung hängt nach theoretischen Gesichtspunkten vom Divergenzwinkel des Strahls ab. Gemäß der obigen Simulationsarbeit habe ich mein System für verschiedene optische Verstärkungstechniken getestet und System 3 bietet eine bessere Leistung mit akzeptabler Bitfehlerrate und Qualitätsfaktor. Dieses System 3 verbessert die Leistung des vorgeschlagenen Systems, indem es Dispersionseffekte durch Verstärkung reduziert. In System 3 haben wir nach der Simulation analysiert, dass es die Daten bis zu 3,5 km unter leichten atmosphärischen Nebelbedingungen mit 4,28 dB/km Dämpfungsniveau übertragen kann. Um die Leistung von System 3 zu verbessern, untersuche ich die Auswirkung des Parameters Strahldivergenz auf die Leistung des Systems.

Leistung am Empfänger gegeben durch die Relation :

$$\mathrm{Pr} = \mathrm{Ps}.\frac{\mathrm{Ar}}{(\theta.\mathrm{x})^2}\mathrm{e}^{-\mathrm{ax}} \qquad (3.1)$$

Ar = Fläche der Empfangsöffnung $(m)^2$

a = Dämpfung (dB/km)

θ = Strahldivergenz (rad)

x = Entfernung der Verbindung (m)

Pr= Empfangene Leistung (W)

Ps= Leistung des Senders (W)

Die Strahldivergenz kann die Empfängerleistung gemäß dem theoretischen Konzept steuern. Eine falsche Ausrichtung der Strahldivergenz zwischen Sender und Empfänger kann zu einem Ausfall der Verbindung führen. Eine Strahlendivergenz, die größer ist als der Öffnungsbereich des Empfängers, führt zu Verlusten durch Nichtempfang des optischen Strahls im Öffnungsbereich des Empfängers.

3.7 Simulation zur Untersuchung der Leistung von System 4 bei verschiedenen Strahldivergenzen.

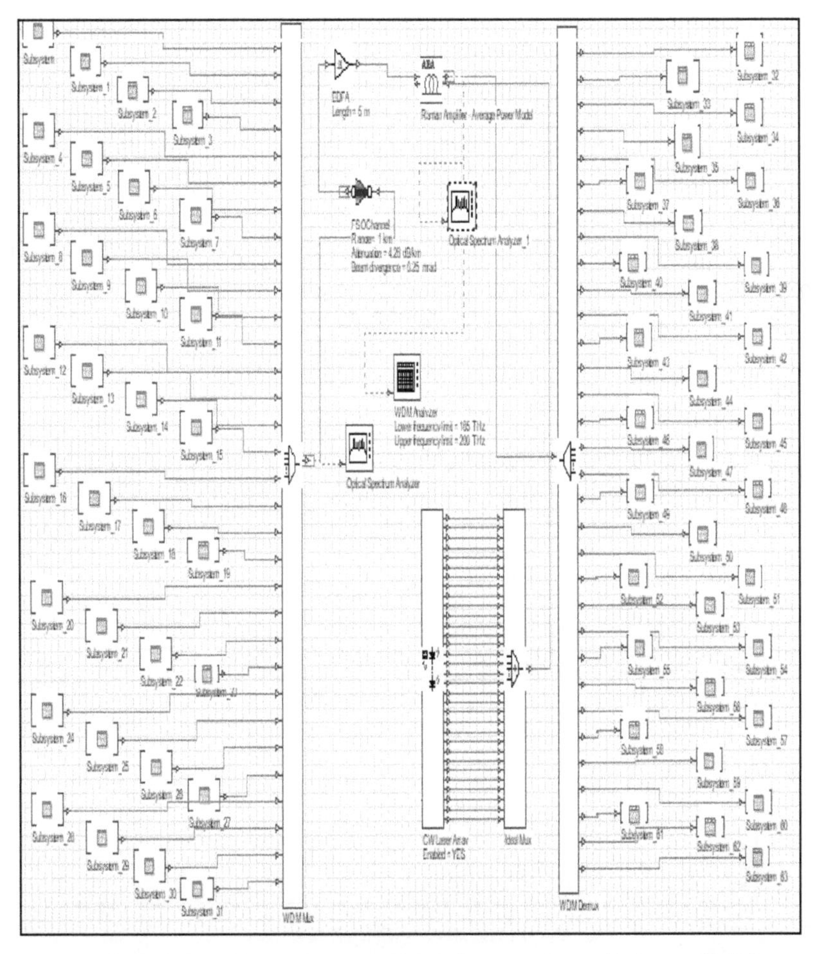

Abb. 0.12 Simulationsaufbau zur Untersuchung der Leistung von System 4 bei unterschiedlicher Strahldivergenz.

3.7.1 Simulationsaufbau zur Untersuchung der Leistung von System 4 mit Fasergitter

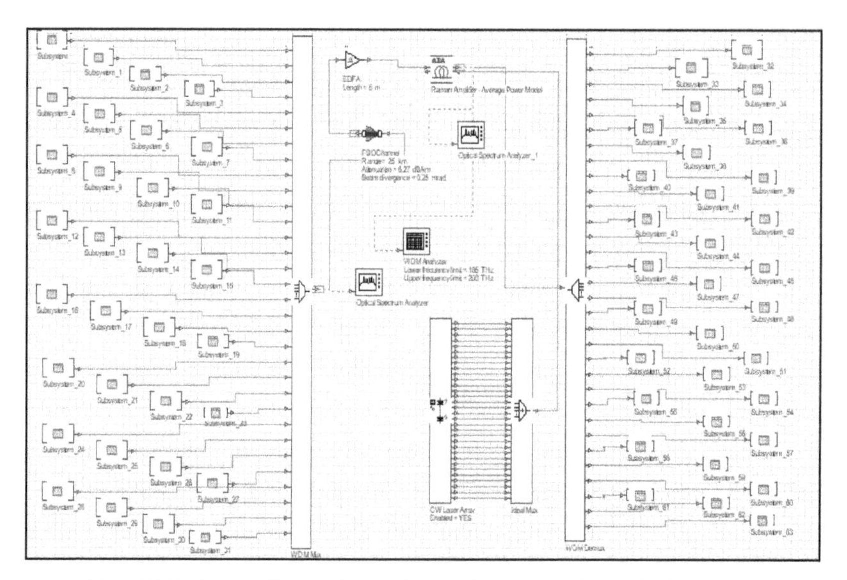

Abb. 0.13 Simulationsaufbau zur Untersuchung der Leistung von System 4 mit Fasergitter

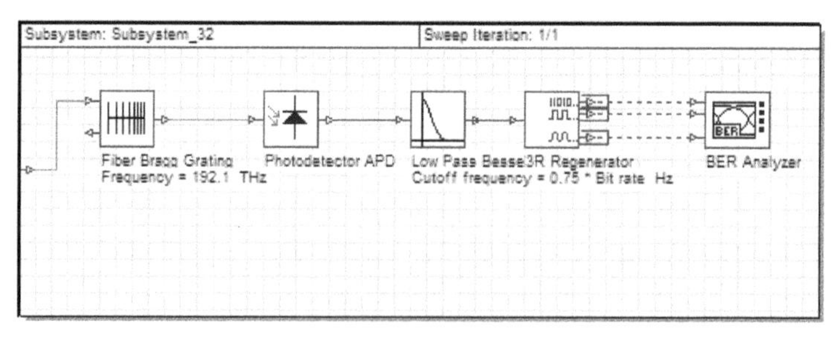

Abb. 0.14 Empfangsbereich mit Fasergitter

KAPITEL 4: ERGEBNIS UND DISKUSSION

Das vorgeschlagene System wurde mit der Software Optisystem 7 entwickelt. Die Simulation des vorgeschlagenen Systems wird mit Hilfe von Optisystem 7 durchgeführt.

4.1 Analyse des DWDM-FSO-Systems 1 mit optischem EDFA-Verstärker nach der Verstärkung

Tabelle 0.1 Analyse des DWDM FSO Systems1 bei leichtem Nebel und unterschiedlichen Entfernungen

EDFA-NACHVERSTÄRKUNG			
Atmosphärische Bedingungen: Leichter Nebel (4,28 dB/km)			
Verbindung Entfernung (km)	Min. BER	Max. Q-Faktor	Max. OSNR (dB)
1	3.66E-17	8.29	36.966974
2	7.65E-16	7.92	26.629198
3	1.01E-11	6.63	18.388555
3.5	8.53E-09	5.55	14.788225
4	4.21E-06	4.34	11.422130
4.5	4.29E-04	3.20	8.227013

Tabelle 0.2 Analyse von DWDM FSO System 1 bei Regenwetter

EDFA-NACHVERSTÄRKUNG			
Atmosphärische Bedingungen: Regen (6,27dB/km)			
Verbindung Entfernung (km)	Min. BER	Max. Q-Faktor	Max. OSNR (dB)
1	4.68E-17	8.26	35.046193
2	3.03E-14	7.44	22.371553
2.5	1.09E-10	6.27	17.067973
3	1.04E-06	4.64	12.226878
3.5	7.82E-04	3.03	7.707035
4	1.00E+00	0.00	3.398661

Tabelle 0.3 Analyse von DWDM FSO System 1 unter atmosphärischen Bedingungen bei klarer Luft

EDFA-NACHVERSTÄRKUNG			
Atmosphärische Bedingungen: Klare Luft (0,2 dB/km)			
Verbindung Entfernung (km)	Min. BER	Max. Q-Faktor	Max. OSNR (dB)
1	2.73E-17	8.32	40.786326
2	4.71E-17	8.26	35.003072
3	1.02E-16	8.16	31.311956
4	2.80E-16	8.04	28.532935
5	9.58E-16	7.89	26.270749
6	4.04E-15	7.70	24.356966
8	1.16E-13	7.26	21.295407
10	4.68E-12	6.74	18.841793
12	1.88E-10	6.18	16.775346
12.5	4.59E-10	6.04	16.304338
13	1.10E-09	5.90	15.848689
13.5	2.57E-09	5.75	15.407224
14	5.89E-09	5.61	14.978889
14.5	1.32E-08	5.47	14.562737
15	2.87E-08	5.33	14.157920

4.1.1 Min. BER vs. Link-Distanz bei verschiedenen atmosphärischen Bedingungen unter Verwendung von EDFA.

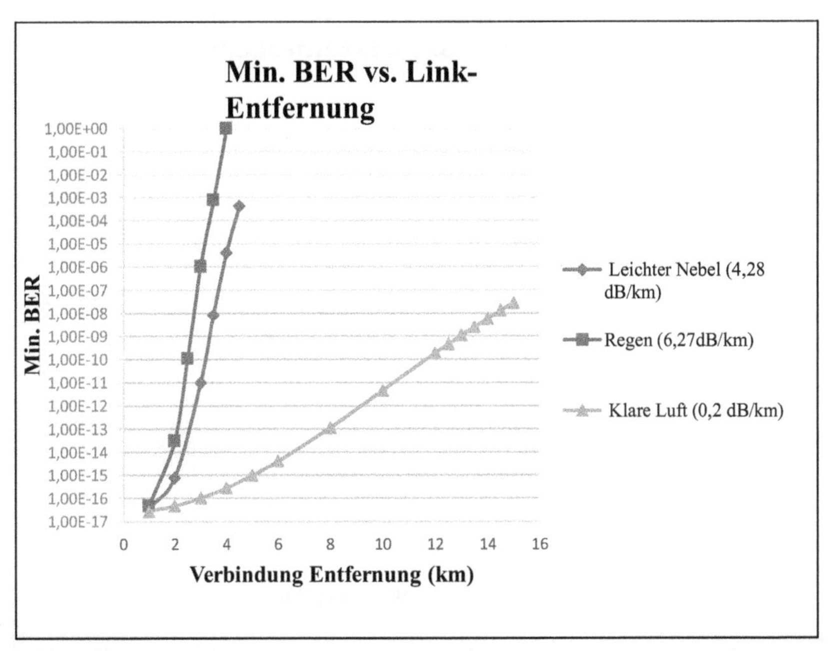

Abb. 0.1 Analyse des DWDM-FSO-Systems 1 bei verschiedenen Streckenabständen und unterschiedlichen atmosphärischen Bedingungen unter Verwendung von EDFA.

In Abb. 4.1 ist zu sehen, dass das vorgeschlagene System1 eine Datenübertragung von 5 Gbps pro Kanal bei einer Entfernung von 2,5 km, 3,5 km und 13 km bei Regen, leichtem Nebel und klarer Luft unter Berücksichtigung einer akzeptablen minimalen Bitfehlerrate erreicht.

4.1.2 Max. OSNR vs. Link-Distanz bei verschiedenen atmosphärischen Bedingungen unter Verwendung eines EDFA-Verstärkers

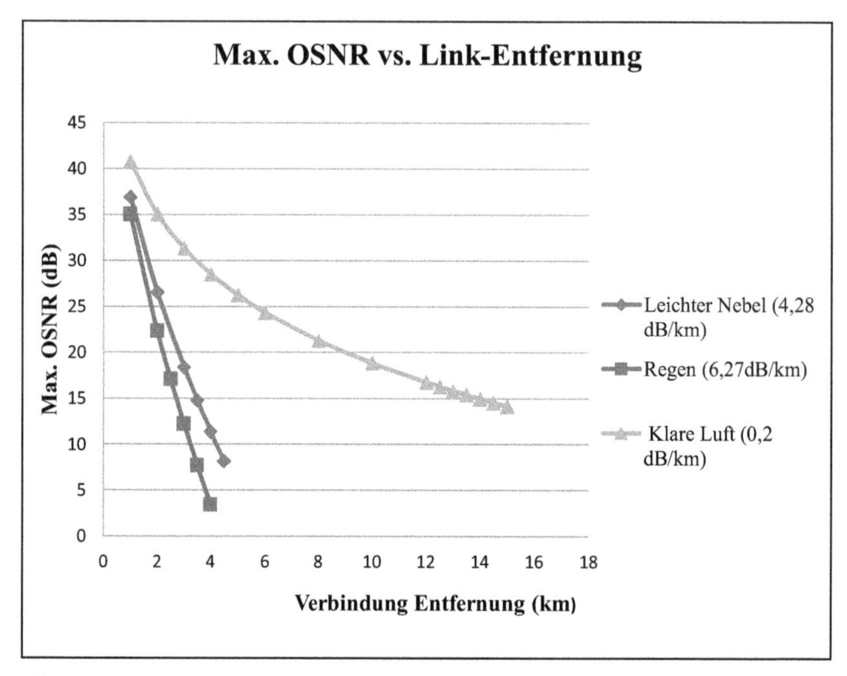

Abb. 0.2 Max. OSNR vs. Link-Distanz bei verschiedenen atmosphärischen Bedingungen unter Verwendung eines EDFA-Verstärkers

In dieser Abb. 4.2 ist nach der Simulation des vorgeschlagenen Systems 1 zu sehen, dass dieses System einen akzeptablen OSNR-Wert bis zu 2,5 km, 3,5 km und 13 km Verbindungsentfernung bei Regen, leichtem Nebel und klarer Luft bei akzeptabler Bitfehlerrate bietet.

Aus diesem Simulationsergebnis geht hervor, dass die Bitfehlerrate mit steigendem optischen Signal-Rausch-Verhältnis abnimmt.

4.1.3 Analyse des Qualitätsfaktors von FSO DWDM System 1 unter verschiedenen atmosphärischen Bedingungen mit EDFA-Verstärker

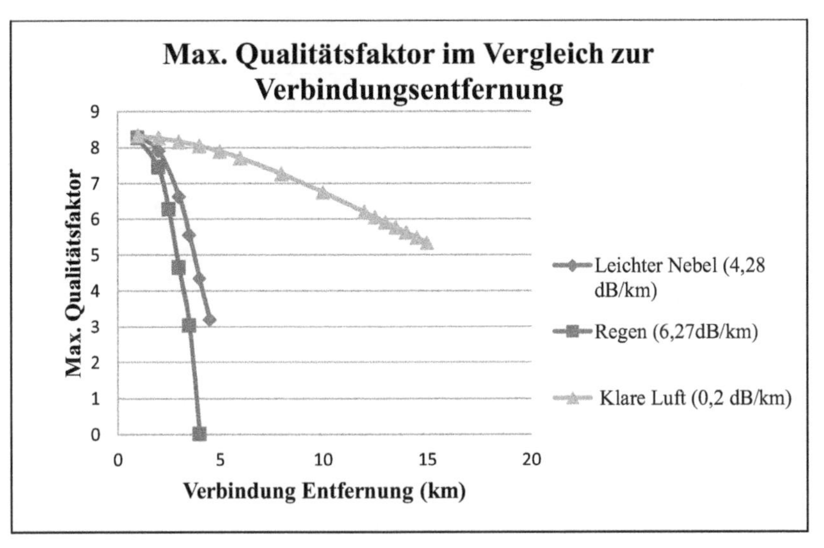

Abb. 0.3 Analyse des Qualitätsfaktors von FSO DWDM System 1 unter verschiedenen atmosphärischen Bedingungen mit EDFA-Verstärker.

Für die Übertragung von 5 Gbit/s-Daten bietet das vorgeschlagene System 1 einen akzeptablen Qualitätsfaktor bis zu 2,5 km bei Regenwetter, 3,5 km bei leichtem Nebel und 13 km bei klarer Luft. Der Qualitätsfaktor nimmt ab, wenn wir die Verbindungsentfernung des FSO-Kanals erhöhen.

Tabelle 0.4 Analyse des DWDM-FSO-Systems unter verschiedenen atmosphärischen Bedingungen mit EDFA

Atmosphärische Bedingungen	Abschwächung	Reichweite (km)	Min BER	Max Q-Faktor	Max. OSNR (dB)
Klare Luft	0,2db/km	13	1.10E-09	5.90	15.848689
Leichter Nebel	4,28db/km	3.5	8.53E-09	5.55	14.788225
Regen	6,27db/km	2.5	1.09E-10	6.27	17.067973

4.2 Analyse des DWDM FSO-Systems 2 mit Raman-Verstärker Nachverstärkungstechnik

Tabelle 0.5 Analyse von DWDM FSO System 2 mit Raman-Verstärker bei leichtem Nebel

OPTISCHER RAMAN-VERSTÄRKER MIT NACHVERSTÄRKUNG			
Atmosphärische Bedingungen: Leichter Nebel (4,28 dB/km)			
Verbindung Entfernung (km)	Min. BER	Max. Q-Faktor	Max. OSNR (dB)
1	3.06E-17	8.31	33.497290
2	4.37E-16	7.98	23.338901
3	4.10E-11	6.43	15.589637
3.5	1.09E-07	5.10	12.123274
4	6.39E-05	3.74	8.832186

Tabelle 0.6 Analyse von DWDM FSO System 2 mit Raman-Verstärker bei Regen

OPTISCHER RAMAN-VERSTÄRKER MIT NACHVERSTÄRKUNG			
Atmosphärische Bedingungen: Regen (6,27dB/km)			
Verbindung Entfernung (km)	Min. BER	Max. Q-Faktor	Max. OSNR (dB)
1	3.41E-17	8.29	31.488618
2	3.25E-14	7.44	19.370299
2.5	7.18E-10	5.98	14.324964
3	1.67E-05	4.06	9.622810
3.5	1.00E+00	0.00	5.159858

Tabelle 0.7 Analyse von DWDM FSO System 2 mit Raman-Verstärker bei klarer Luft

OPTISCHER RAMAN-VERSTÄRKER MIT NACHVERSTÄRKUNG			
Atmosphärische Bedingungen: Klare Luft (0,2 dB/km)			
Verbindung Entfernung (km)	Min. BER	Max. Q-Faktor	Max. OSNR (dB)
1	2.90E-17	8.31	37.666344
2	3.42E-17	8.29	31.444885
3	5.95E-17	8.23	27.789157
4	1.52E-16	8.11	25.124147
5	5.60E-16	7.95	23.005942
8	1.68E-13	7.22	18.351750
10	1.60E-11	6.57	16.022030
11	1.55E-10	6.22	14.997098
12	1.37E-09	5.87	14.043687
14	7.22E-08	5.18	12.308315
15	4.10E-07	4.85	11.510424

4.2.1 Analyse der minimalen Bitfehlerrate von DWDM FSO System 2 unter verschiedenen atmosphärischen Bedingungen mit Raman-Verstärker

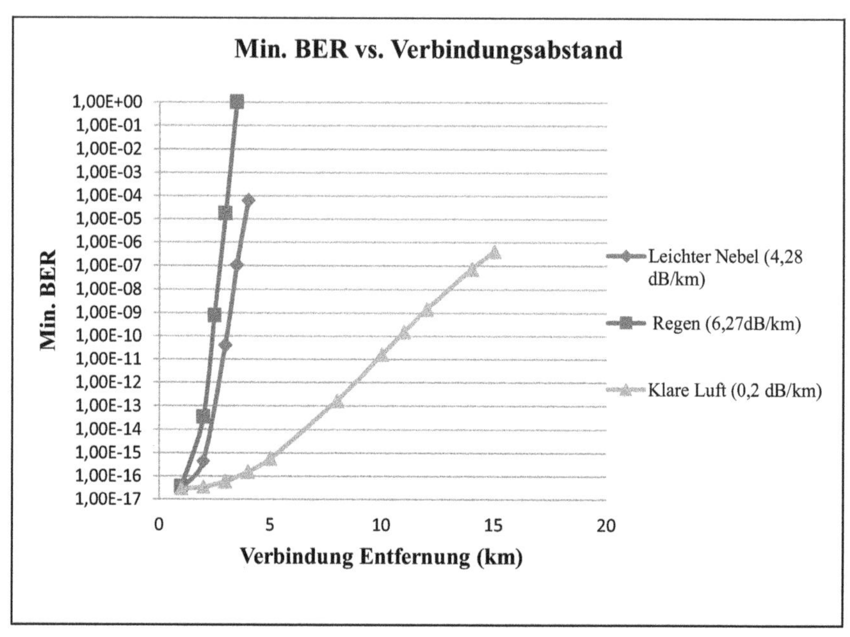

Abb. 0.4 Analyse der min. Bitfehlerrate von DWDM FSO System 2 unter verschiedenen atmosphärischen Bedingungen mit Raman-Verstärker .

In Abb. 4.4 ist zu sehen, dass das vorgeschlagene System 2 die Daten mit einer Datenrate von 5 Gbps pro Kanal bei einer Entfernung von 2,5 km, 3 km und 11 km bei Regen, leichtem Nebel bzw. klarer Luft unter Berücksichtigung einer akzeptablen minimalen Bitfehlerrate überträgt.

4.2.2 Analyse des Max. Qualitätsfaktors bei verschiedenen atmosphärischen Bedingungen unter Verwendung eines Raman-Verstärkers

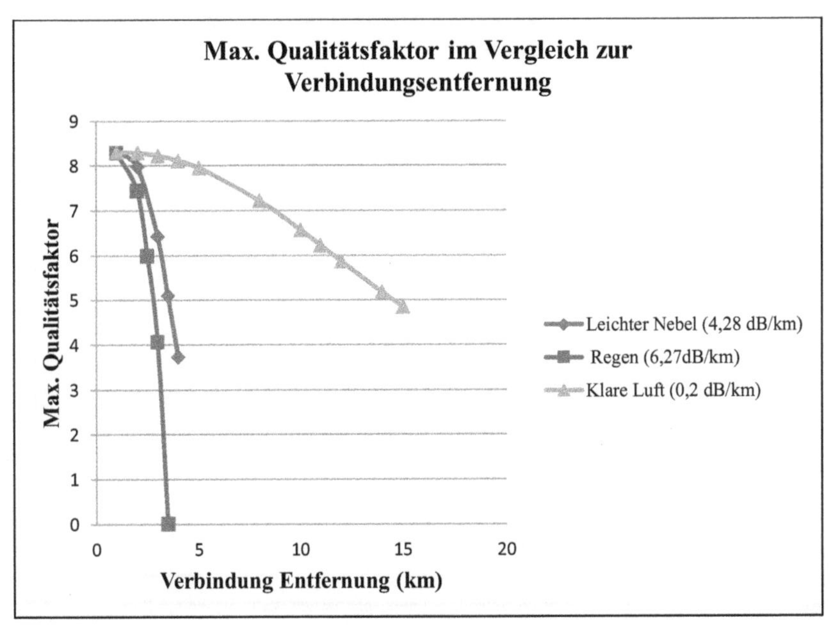

Abb. 0.5 Analyse des Max. Qualitätsfaktor bei verschiedenen atmosphärischen Bedingungen unter Verwendung eines Raman-Verstärkers

In Abb. 4.5 ist zu sehen, dass das vorgeschlagene System 2 für die Übertragung von Daten mit einer Datenrate von 5 Gbit/s pro Kanal einen akzeptablen Qualitätsfaktor bis zu 2,5 km bei Regen, 3 km bei leichtem Nebel und 11 km bei klarer Luft bietet. Der Qualitätsfaktor nimmt ab, wenn wir die Verbindungsentfernung des FSO-Kanals erhöhen.

4.2.3 Analyse des Max. OSNR bei verschiedenen atmosphärischen Bedingungen mit Raman-Verstärker

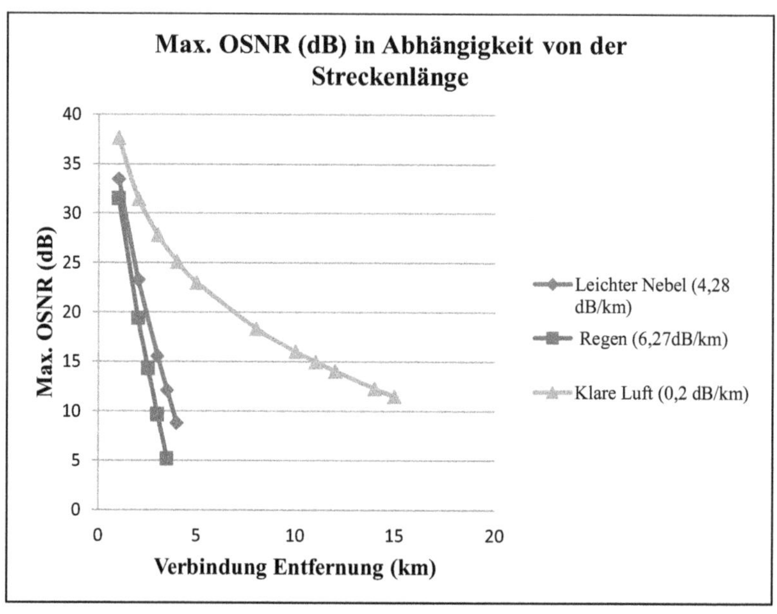

Abb. 0.6 Analyse des Max. OSNR bei verschiedenen atmosphärischen Bedingungen mit Raman-Verstärker

In dieser Abb. 4.6 ist zu sehen, dass nach der Simulation des vorgeschlagenen Systems 2 dieses System einen akzeptablen OSNR-Wert bis zu einer Entfernung von 2,5 km, 3 km und 11 km bei Regen, leichtem Nebel und klarer Luft mit einer akzeptablen Bitfehlerrate bietet.

4.3 Analyse des DWDM FSO-Systems 3 mit EDFA-Raman-Verstärker Nachverstärkungstechnik

Tabelle 0.8 Analyse des DWDM FSO-Systems 3 mit EDFA-Raman-Verstärker bei leichtem Nebel

EDFA UND RAMAN OPTISCHER VERSTÄRKER NACHVERSTÄRKUNG			
Atmosphärische Bedingungen: Leichter Nebel (4,28 dB/km)			
Verbindung Entfernung (km)	Min. BER	Max. Qualitätsfaktor	Max. OSNR (dB)
1	5.55E-18	8.50	37.577387
2	2.31E-18	8.60	27.067110

3	8.94E-15	7.59	18.732323
3.5	1.60E-10	6.20	15.124626
4	1.58E-06	4.55	11.753736
4.5	6.15E-04	3.09	8.556175

Tabelle 0.9 Analyse des DWDM-FSO-Systems 3 mit EDFA-Raman-Verstärker bei Regen

EDFA UND RAMAN OPTISCHER VERSTÄRKER NACHVERSTÄRKUNG			
Atmosphärische Bedingungen: Regen (6,27dB/km)			
Verbindung Entfernung (km)	Min. BER	Max. Qualitätsfaktor	Max. OSNR (dB)
1	4.30E-18	8.53	35.642997
2	1.61E-17	8.38	22.726731
2.5	2.38E-13	7.16	17.408751
3	2.17E-07	4.95	12.559455
3.5	1.23E-03	2.88	8.035947

Tabelle 0.10 Analyse von DWDM FSO System 3 mit EDFA-Raman-Verstärker bei klarer Luft

EDFA UND RAMAN OPTISCHER VERSTÄRKER NACHVERSTÄRKUNG			
Atmosphärische Bedingungen: Klare Luft (0,2 dB/km)			
Verbindung Entfernung (km)	Min. BER	Max. Qualitätsfaktor	Max. OSNR (dB)
1	8.52E-18	8.45	41.236383
2	4.27E-18	8.53	35.599404
3	2.62E-18	8.59	31.849666
4	2.12E-18	8.61	29.012931
5	2.43E-18	8.60	26.700651
8	5.20E-17	8.24	21.647130
10	3.29E-15	7.72	19.186672
12	5.25E-13	7.05	17.115508
14	9.14E-11	6.29	15.315619
15	1.02E-09	5.90	14.493274
16	9.58E-09	5.52	13.713424
17	7.38E-08	5.15	12.970702

4.3.1 Analyse der Bitfehlerrate von DWDM FSO System 3 mit EDFA-Raman-Verstärker

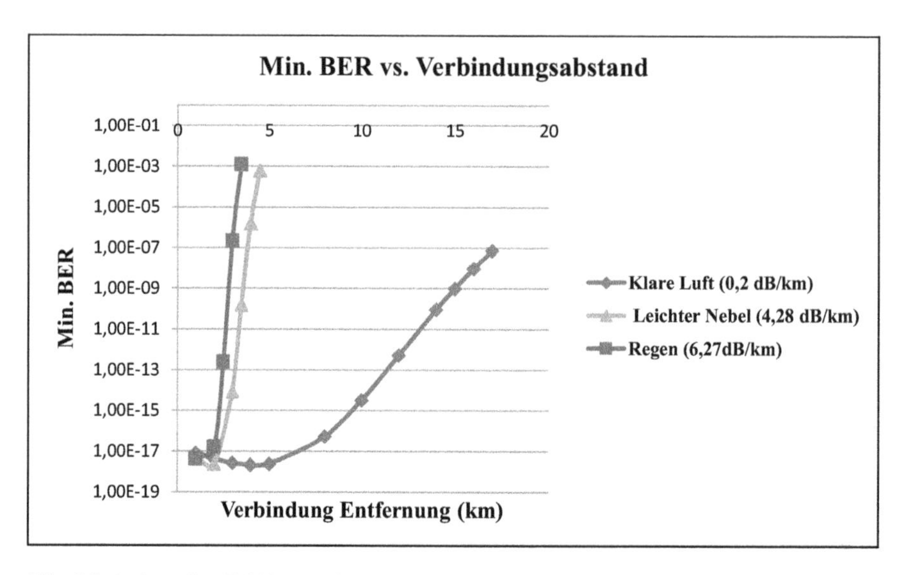

Abb. 0.7 Analyse der Bitfehlerrate des DWDM-FSO-Systems 3 unter verschiedenen atmosphärischen Bedingungen mit EDFA-Raman-Verstärker

In dieser grafischen Analyse wird festgestellt, dass das vorgeschlagene System 3 die Daten mit einer Datenrate von 5 Gbps pro Kanal bei einer Verbindungsentfernung von 2,5 km, 3,5 km und 15 km bei Regen, leichtem Nebel bzw. klarer Luft unter Berücksichtigung eines akzeptablen Niveaus der minimalen Bitfehlerrate überträgt. Die Übertragungsdistanz von 500 Metern wurde bei leichtem Nebel im Vergleich zur Raman-Verstärkung verbessert. 2 km Übertragungsentfernung bei klarer Luft unter Verwendung einer Hybridkombination aus EDFA-Raman-Verstärker. Die Bitfehlerrate steigt mit zunehmender Entfernung der Übertragungsstrecke.

4.3.2 Analyse des Max. Qualitätsfaktors bei verschiedenen atmosphärischen Bedingungen unter Verwendung eines EDFA-Raman-Verstärkers

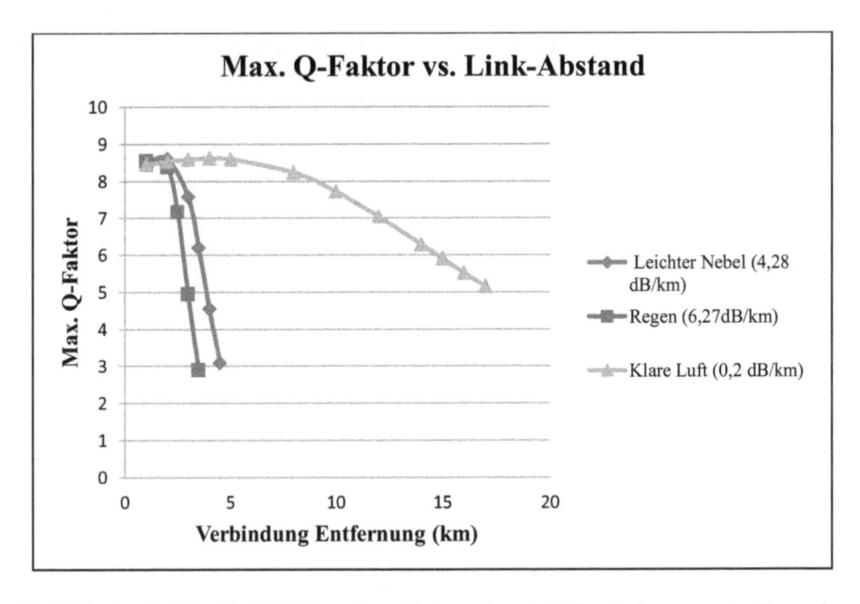

Abb. 0.8 Analyse des Max. Qualitätsfaktor bei verschiedenen atmosphärischen Bedingungen unter Verwendung eines EDFA-Raman-Verstärkers

In Abb. 4.8 ist zu sehen, dass das vorgeschlagene System 3 für die Übertragung von Daten mit einer Datenrate von 5 Gbit/s pro Kanal einen akzeptablen Qualitätsfaktor bis zu 2,5 km bei Regen, 3,5 km bei leichtem Nebel und 15 km bei klarer Luft bietet. Der Qualitätsfaktor nimmt ab, wenn wir die Verbindungsentfernung des FSO-Kanals erhöhen.

4.3.3 Analyse des Max. OSNR bei verschiedenen atmosphärischen Bedingungen mit EDFA-Raman-Verstärker

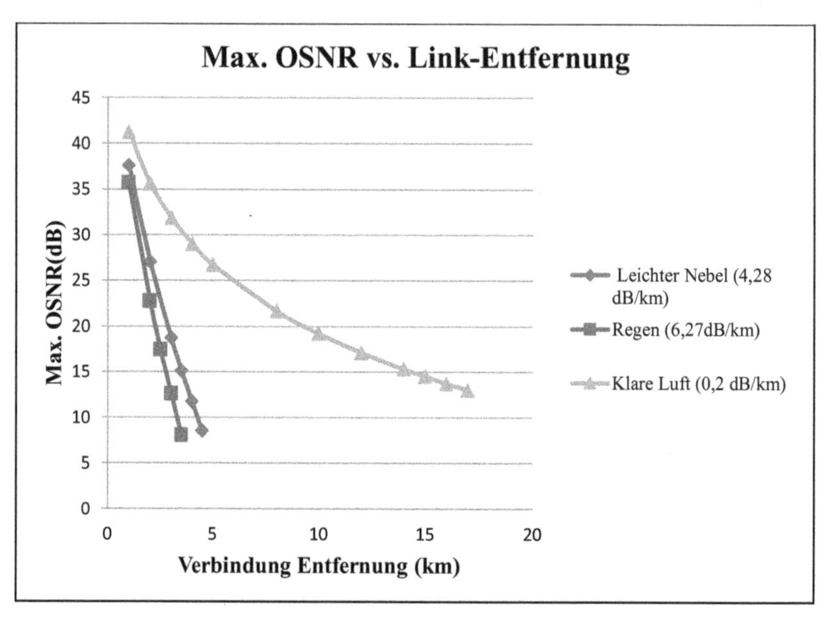

Abb. 0.9 Analyse des Max. OSNR bei verschiedenen atmosphärischen Bedingungen mit EDFA-Raman-Verstärker

In Abb. 4.9 ist zu sehen, dass nach der Simulation des vorgeschlagenen Systems 3 dieses System einen akzeptablen OSNR-Wert bis zu 2,5 km, 3,5 km und 15 km Verbindungsdistanz bei Regen, leichtem Nebel und klarer Luft mit akzeptabler Bitfehlerrate bietet. Das optische Signal-Rausch-Verhältnis verringert sich, wenn wir die Übertragungsentfernung erhöhen.

4.4 Vergleichende Analyse von verschiedenen optischen Verstärkern

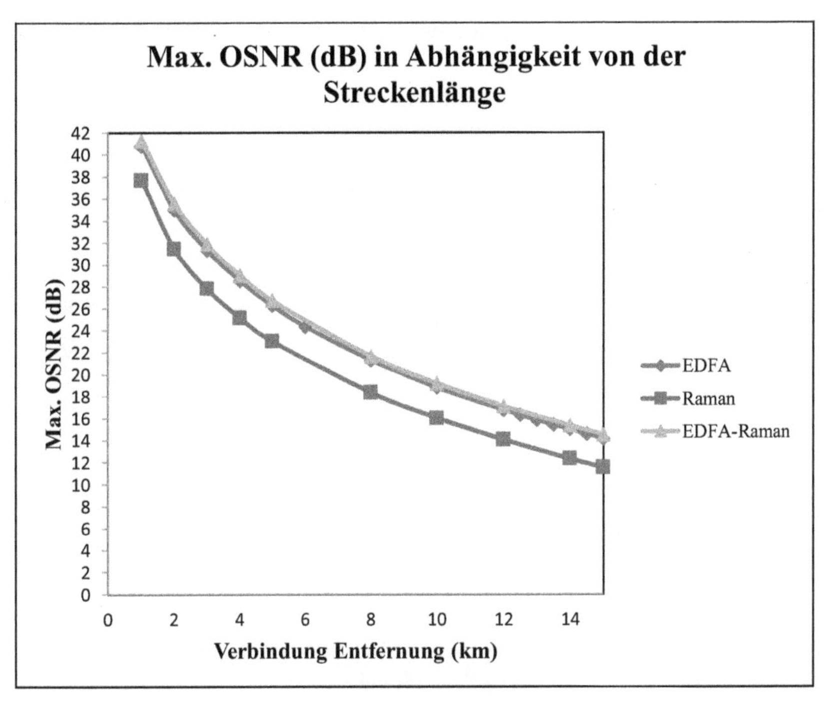

Abb. 0.10 Vergleichende Analyse der verschiedenen optischen Verstärker

Aus dieser Abbildung geht hervor, dass der EDFA-Raman-Verstärker effizienter ist als der EDFA- und der Raman-Verstärker. Der EDFA-Verstärker schnitt besser ab als der Raman-Verstärker. Nach der Simulation von drei Systemen wird festgestellt, dass die hybride Kombination von EDFA-Raman-Verstärker System 3 einen hohen Qualitätsfaktor und eine niedrigere Bitfehlerrate im Vergleich zu System 1 und System 2 aufweist.

4.5 Leistungsanalyse des Systems 4 bei leichtem Nebel durch Variation der Strahldivergenz

4.5.1 Einfluss der Strahldivergenz auf die Leistung eines DWDM-FSO-Systems

Tabelle 0.11 Analyse des Qualitätsfaktors für unterschiedliche Strahldivergenzen bei leichtem Nebel und atmosphärischen Bedingungen

Verbindung Entfernung (km)	Qualitätsfaktor (Strahldivergenz=0,25 mrad)	Qualitätsfaktor (Strahldivergenz =0,5 mrad)	Qualitätsfaktor (Strahldivergenz =1 mrad)	Qualitätsfaktor (Strahldivergenz =2 mrad)
1	8.38	8.40	8.43	8.50
2	8.42	8.48	8.57	8.60
2.5	8.46	8.54	8.61	8.37
3	8.51	8.59	8.55	7.59
3.5	8.56	8.61	8.19	6.20
4	8.60	8.50	7.33	4.55

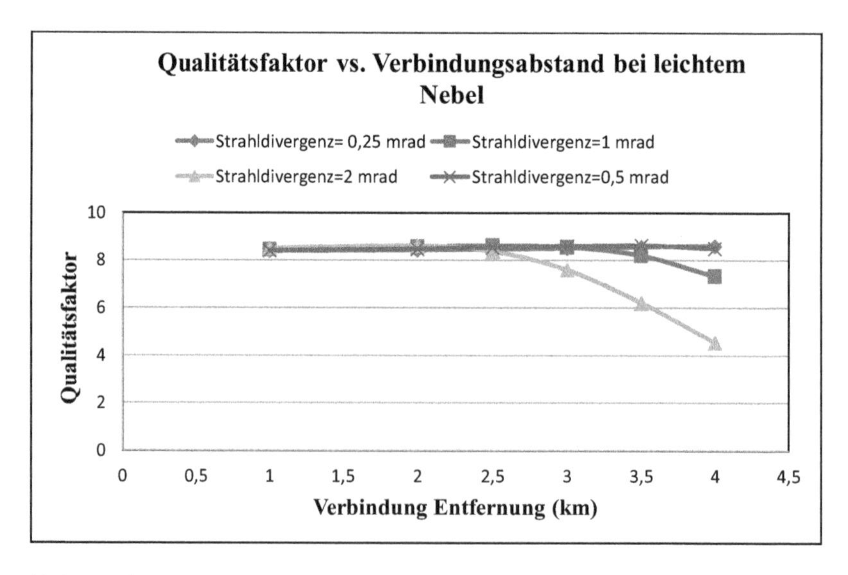

Abb. 0.11 Analyse des Qualitätsfaktors für unterschiedliche Strahldivergenzen bei leichter Nebelatmosphäre

Die obige Analyse zeigt, dass sich der Qualitätsfaktor verringert, wenn wir die Strahldivergenz erhöhen. Daraus wird geschlossen, dass die Strahldivergenz die Leistung des entworfenen DWDM-FSO-Systems steuern kann.

Bei geringerer Strahldivergenz ergibt sich ein besserer Qualitätsfaktor. Daher wird der Qualitätsfaktor durch die Steuerung des Designparameters Strahldivergenz verbessert.

4.5.2 Analyse der minimalen Bitfehlerrate bei unterschiedlicher Strahldivergenz bei leichtem Nebel

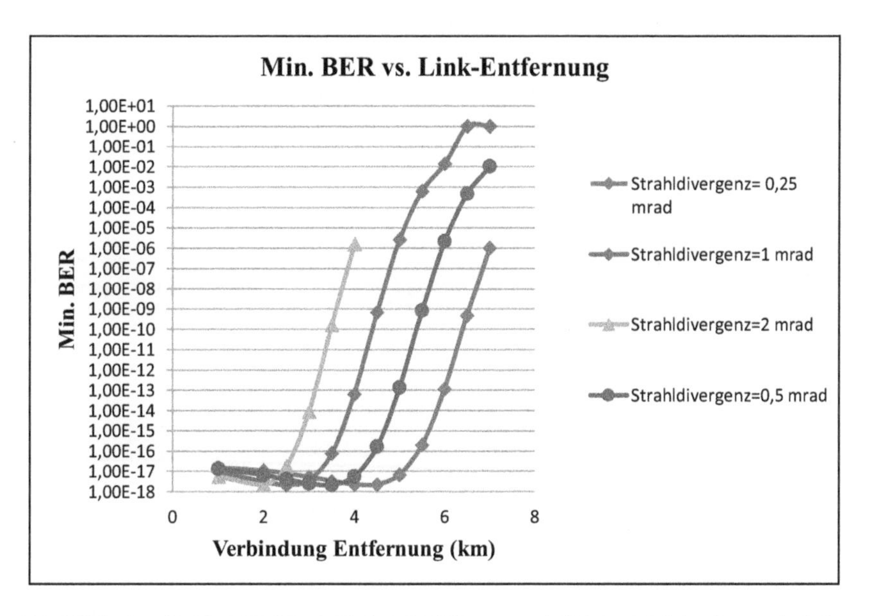

Abb. 0.12 Analyse der Min. BER für verschiedene Strahldivergenzen bei leichtem Nebel und atmosphärischen Bedingungen

Nach der Simulation des DWDM-FSO-Systems bei leichtem Nebel wird festgestellt, dass es bei einer Strahldivergenz von 0,25 mrad Daten über eine Entfernung von bis zu 6,5 km mit einer akzeptablen Bitfehlerrate übertragen kann. Bei einer Strahldivergenz von 1 mrad können Daten über eine Entfernung von bis zu 4,5 km übertragen werden. Bei einer Strahldivergenz von 0,5 können die Daten bis zu 5,5 km übertragen werden. Bei einer Strahldivergenz von 2 mrad kann dieses System Daten über eine Entfernung von bis zu 3,5 km übertragen.

4.5.3 Analyse von System 4 Qualitätsfaktor bei leichtem Nebel bei einer Strahldivergenz von 0,25 mrad

Tabelle 0.12 Analyse von System 4: Qualitätsfaktor bei leichtem Nebel

Strahldivergenz= 0,25 mrad bei 4,28 dB/Km Lichtnebel	
Verbindung Entfernung (km)	Qualitätsfaktor
1	8.38
2	8.42
2.5	8.46
3	8.51
3.5	8.56

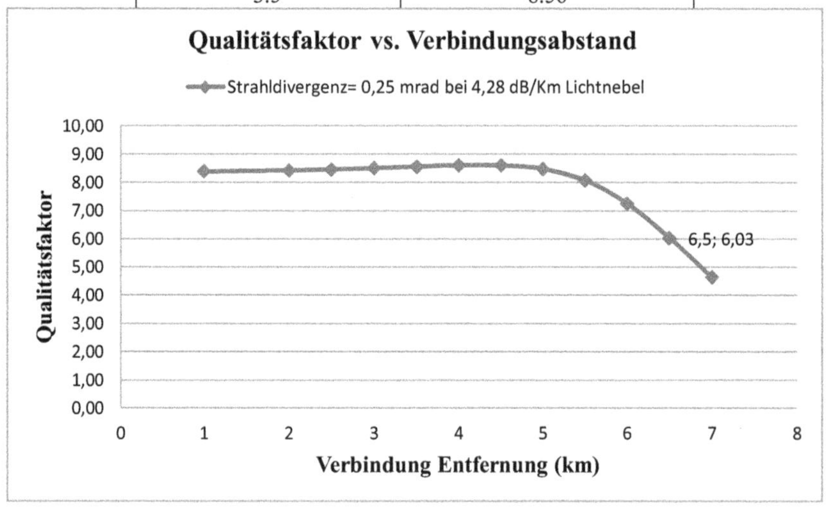

Abb. 0.13 Qualitätsfaktor in Abhängigkeit von der Streckenlänge bei leichtem Nebel und einer Strahldivergenz von 0,25 mrad

4.5.4 Analyse von System 4 Min. BER bei leichtem Nebel bei Strahldivergenz=0,25 mrad

Tabelle 0.13 Analyse von System 4 Min. BER bei leichtem Nebel bei Strahldivergenz=0,25 mrad

Strahldivergenz= 0,25 mrad bei 4,28 dB/Km Lichtnebel	
Verbindung Entfernung (km)	Min. BER
1	1.51E-17

2	1.08E-17
2.5	7.88E-18
3	5.29E-18
3.5	3.36E-18
4	2.29E-18
4.5	2.29E-18
5	6.97E-18
5.5	2.03E-16
6	1.18E-13
6.5	4.72E-10
7	1.05E-06

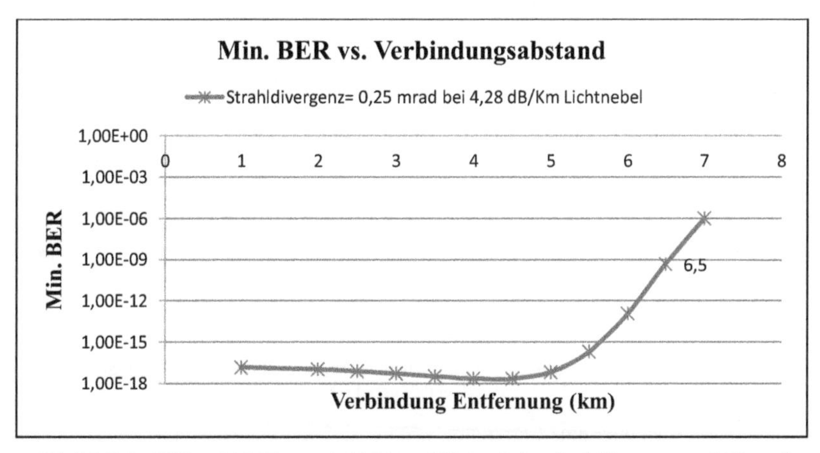

Abb. 0.14 Min. BER vs. Link Distance bei leichtem Nebel und einer Strahldivergenz von 0,25 mrad

System 4 kann Daten über eine Entfernung von bis zu 6,5 km mit akzeptablem Qualitätsfaktor und minimaler Bitfehlerrate bei leichter Nebelatmosphäre übertragen.

4.5.5 Analyse des Qualitätsfaktors von System 4 bei Regenwetter und einer Strahldivergenz von 0,25 mrad

Tabelle 0.14 Analyse von System 4: Qualitätsfaktor bei Regenwetter

Strahldivergenz= 0,25 mrad bei Regen (6,27 dB/Km)	
Verbindung Entfernung (km)	Max. Qualitätsfaktor
1	8.39
2	8.46
3	8.60
3.5	8.59
4	8.27

4.5	7.20
4.7	6.81
4.8	6.52
4.9	6.20
5	5.87
5.5	4.10

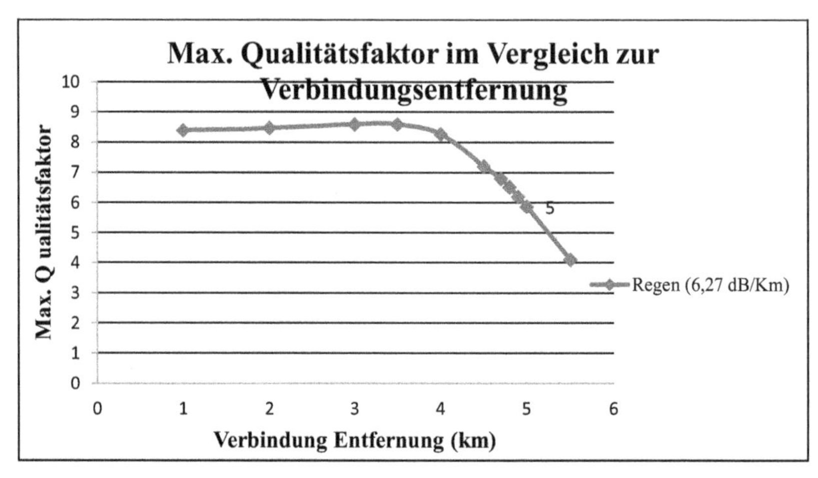

Abb. 0.15 Qualitätsfaktor in Abhängigkeit von der Verbindungsentfernung bei Rain mit einer Strahldivergenz von 0,25 mrad

System 4 kann Daten über eine Entfernung von bis zu 5 km mit akzeptablem Qualitätsfaktor übertragen, wobei jeder Kanal 5 Gbit/s Daten trägt. Es bietet eine bessere Leistung als System 1, System 2 und System 3. Der Parameter Strahldivergenz verbessert die Systemleistung.

4.5.6 Analyse von System 4 Min. BER bei Regenwetter und einer Strahldivergenz von 0,25 mrad

Tabelle 0.15 Analyse von System 4 bei minimaler Bitfehlerrate unter Regenwetterbedingungen

Strahldivergenz= 0,25 mrad bei Regen (6,27 dB/Km)	
Verbindung Entfernung (km)	Min. BER
1	1.43E-17
2	7.83E-18
3	2.44E-18
3.5	2.53E-18
4	3.99E-17
4.5	1.68E-13

4.7	2.99E-12
4.8	2.15E-11
4.9	1.65E-10
5	1.30E-09
5.5	1.31E-05

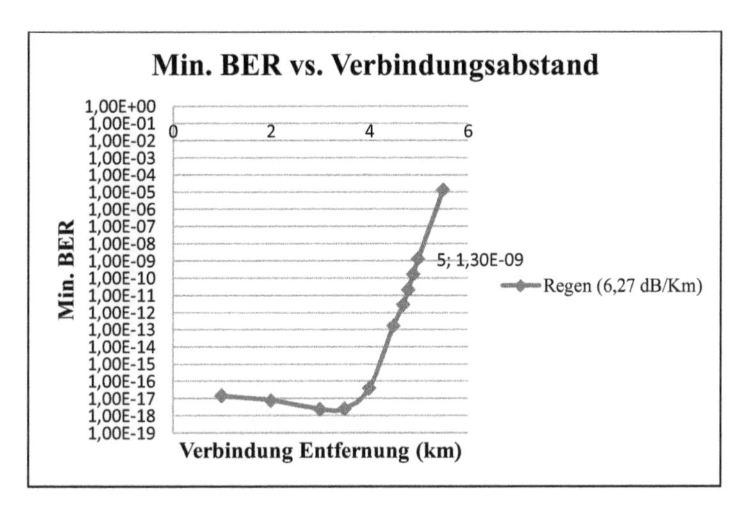

Abb. 0.16 Min. BER vs. Link Distance bei Regen mit Strahldivergenz = 0,25 mrad

Nach der obigen Analyse kann das System 4 bei Regenwetter Daten bis zu 5 km weit übertragen.

4.5.7 Analyse des Qualitätsfaktors von System 4 unter atmosphärischen Bedingungen bei klarer Luft und einer Strahldivergenz von 0,25 mrad

Tabelle 0.16 Analyse von System 4 Qualitätsfaktor bei klarer Luft und atmosphärischen Bedingungen

Strahldivergenz= 0,25 mrad	
Atmosphärische Bedingungen: Klare Luft (0,2 dB/km)	
Verbindung Entfernung (km)	Max. Qualitätsfaktor
1	8.32
2	8.39
3	8.39
4	8.41
5	8.42
6	8.47
10	8.50

12	8.52
14	8.55
16	8.58
18	8.59
20	8.61
21	8.61
25	8.60
26	8.58
28	8.55
32	8.39
34	8.28
36	8.13
38	7.94
40	7.72
42	7.47
44	7.18
46	6.87
48	6.54
50	6.19

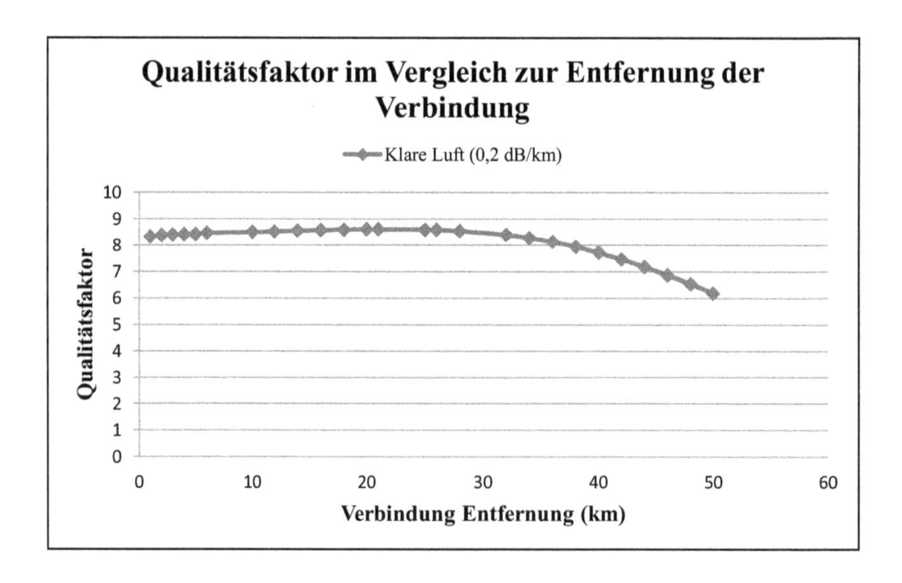

Abb. 0.17 Qualitätsfaktor in Abhängigkeit von der Streckenlänge bei klarer Luft und einer Strahldivergenz von 0,25 mrad

In der obigen Analyse wird festgestellt, dass System 4 die Daten bis zu 50 km unter klaren atmosphärischen Bedingungen mit akzeptablem Qualitätsfaktor übertragen kann. Es steigert die Systemleistung. Es bietet eine effizientere Reaktion als System 1, System 2 und System 3.

Der Qualitätsfaktor verringert sich mit zunehmender Entfernung der Verbindung.

4.5.8 Analyse der Min. BER von System 4 bei einer Strahldivergenz von 0,25 mrad unter atmosphärischen Bedingungen bei klarer Luft

Tabelle 0.17 Analyse der min. BER von System 4 unter atmosphärischen Bedingungen bei klarer Luft

Strahldivergenz= 0,25 mrad	
Atmosphärische Bedingungen: Klare Luft (0,2 dB/km)	
Verbindung Entfernung (km)	Min. BER
1	2.60E-17
2	1.46E-17
3	1.38E-17
4	1.22E-17
5	1.08E-17
8	7.47E-18
10	5.81E-18
12	4.54E-18
14	3.60E-18
16	2.93E-18
18	2.47E-18
20	2.20E-18
21	2.13E-18
25	2.40E-18
26	2.69E-18
28	3.78E-18
32	1.36E-17
34	3.68E-17
36	1.28E-16
38	5.77E-16
40	3.30E-15
42	2.33E-14
44	1.94E-13
46	1.81E-12
48	1.78E-11
50	1.75E-10

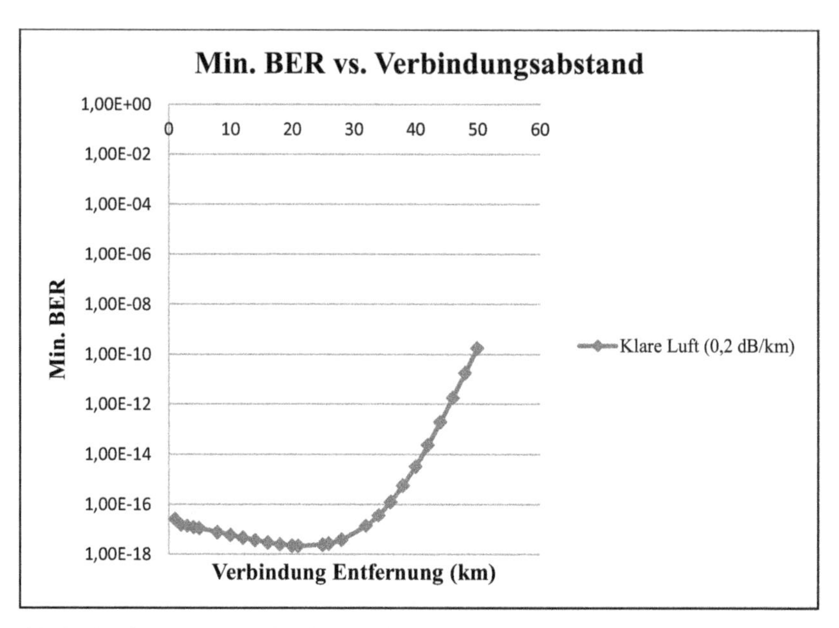

Abb. 0.18 Min. BER vs. Link-Distanz bei klaren atmosphärischen Bedingungen und einer Strahldivergenz von 0,25 mrad

In der obigen Analyse wird festgestellt, dass das System 4 die Daten bis zu 50 km unter klaren atmosphärischen Bedingungen mit einer akzeptablen Grenze der minimalen Bitfehlerrate übertragen kann. Es steigert die Systemleistung. Es bietet eine effizientere Antwort als System 1, System 2 und System 3.

Die minimale Bitfehlerrate steigt mit zunehmender Entfernung der Verbindung.

4.5.9 Analyse der Leistung von System 4 unter Verwendung von Fasergittern bei atmosphärischem Regen

Tabelle 0.18 Vergleichende simulierte Ergebnisse von System 4 bei 2,5 km Verbindungslänge

System 4	Max. Q-Faktor	Min. BER
Ohne Fasergitter	8.40459	1.27E-17
Mit Fasergitter	15.249	5.04E-53

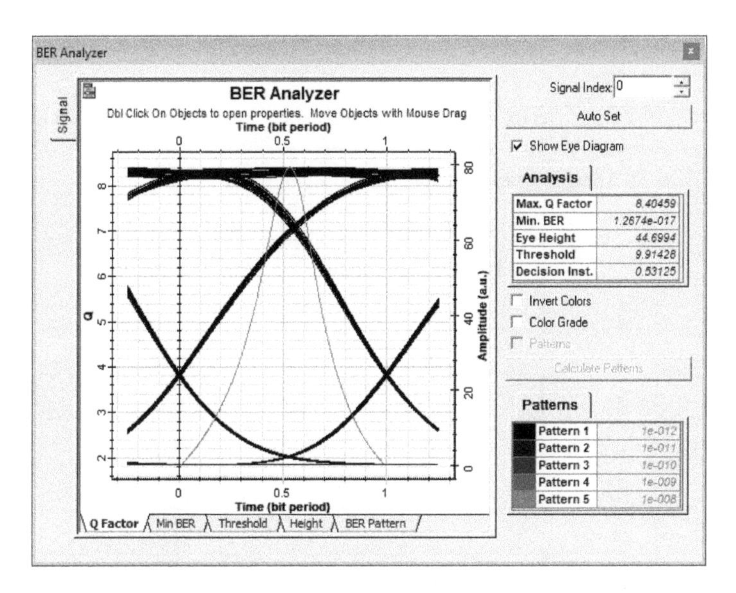

Abb. 0.19 Simuliertes Ergebnis von System 4 Kanal 1 ohne Glasfasergitter bei 2,5 km und einer Regenatmosphäre von 6,27 dB/km.

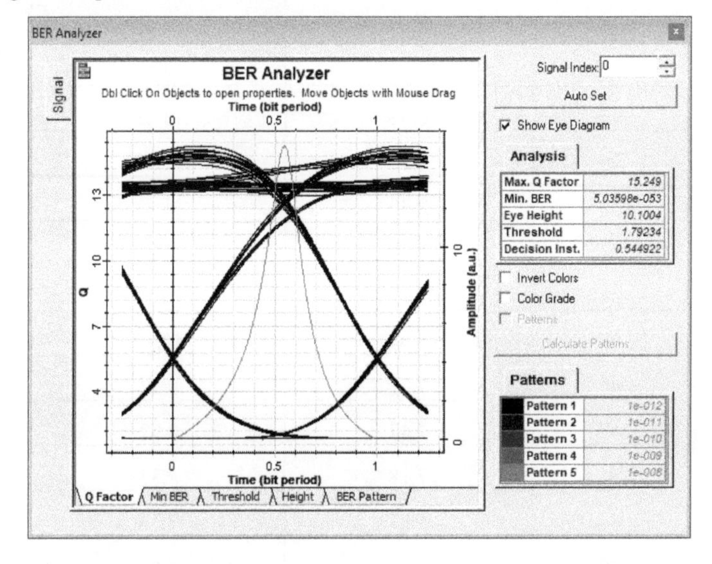

Abb. 0.20 Simuliertes Ergebnis von System 4 Kanal 1 mit Glasfasergitter bei 2,5 km unter Regenwetterbedingungen 6,27 dB/km

4.5.10 Vergleichende Analyse des Qualitätsfaktors im System 4 bei klarer Luft

Tabelle 0.19 Vergleichende Analyse des Qualitätsfaktors im System 4 bei klarer Luft

Atmosphärische Bedingungen: Klare Luft (0,2 dB/km)		
Verbindung Entfernung (km)	Ohne Fasergitter	Mit Fasergitter
	Max. Qualitätsfaktor	Max. Qualitätsfaktor
2	8.39	15.11
3	8.39	15.08
4	8.41	15.07
6	8.47	15.04
10	8.5	14.94
12	8.52	14.85
14	8.55	14.74
16	8.58	14.59
18	8.59	14.41
20	8.61	14.18
26	8.58	13.23
28	8.55	12.81
32	8.39	11.83
34	8.28	11.29
36	8.13	10.71
38	7.94	10.12
40	7.72	9.52
42	7.47	8.92
44	7.18	8.33
46	6.87	7.76
50	6.19	6.66
52	5.43	6.16

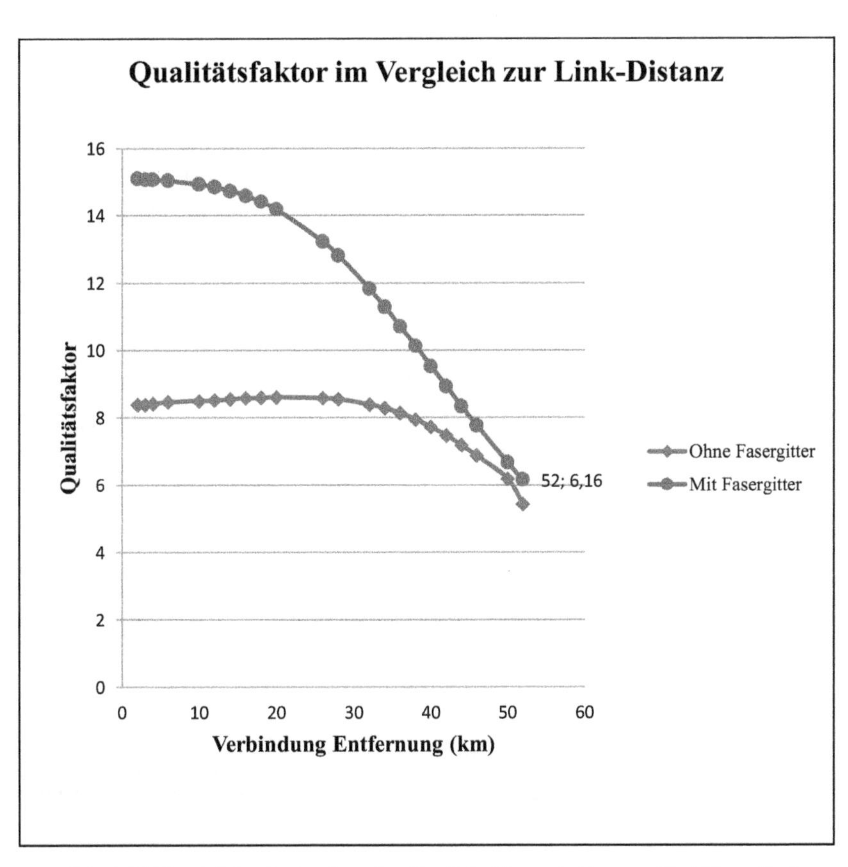

Abb. 0.21 Vergleichende Analyse des Qualitätsfaktors in System 4 bei klarer Luft

Nach der Simulation des Systems 4 mit Glasfasergitter wurde festgestellt, dass das Glasfasergitter eine bessere Reaktion als das System ohne Glasfasergitter bietet. Dieses System 4 kann die Daten bis zu 52 km übertragen, nachdem der Dispersionseffekt reduziert wurde.

Tabelle 0.20 Vergleich des Vorgeschlagenen Systems mit verwandten Arbeiten

Autor	Strom	Anzahl von Kanälen	Datenrate (Gbps)	Abschwächung (dB/km)	Verbindung Entfernung (km)
[1] im Jahr 2016	30 mW	8	5	3,5 dB/km	4 km
Vorgeschlagenes System 1	10dBm	32	5	4,28 dB/km	3,5 km
				6,27 dB/km	2,5 km
				0,2 dB/km	13 km
Vorgeschlagenes System 2	10dBm	32	5	4,28 dB/km	3 km
				6,27 dB/km	2,5 km
				0,2 dB/km	11 km
Vorgeschlagenes System 3	10dBm	32	5	4,28 dB/km	3,5 km
				6,27 dB/km	2,5 km
				0,2 dB/km	15 km
Vorgeschlagenes System 4	10dBm	32	5	4,28 dB/km	6,5 km
				6,27 dB/km	5 km
				0,2 dB/km	50 m

KAPITEL 5: SCHLUSSFOLGERUNG

Das vorgeschlagene 160 Gbps FSO DWDM System wird mit Hilfe von optisystem 7 unter Verwendung verschiedener Verstärkungstechniken simuliert. Das DWDM-FSO-System, das mit EDFA-Nachverstärkung entwickelt wurde, erreichte eine Datenübertragung von 5 Gbps pro Kanal bei einer Verbindungsentfernung von 2,5 km, 3,5 km und 13 km bei Regen, leichtem Nebel und klarer Luft unter Berücksichtigung akzeptabler minimaler Bitfehlerraten und Qualitätsfaktoren.

Das mit Raman-Verstärkerentworfene DWDM-FSO-System überträgt die Daten mit einer Datenrate von 5 Gbps pro Kanal bei einer Verbindungsentfernung von 2,5 km, 3 km und 11 km bei Regen, leichtem Nebel bzw. klarer Luft unter Berücksichtigung eines akzeptablen Niveaus der minimalen Bitfehlerrate.

Das mit EDFA-Raman-Verstärker entworfene DWDM-FSO-System überträgt die Daten mit einer Datenrate von 5 Gbps pro Kanal bei einer Verbindungsentfernung von 2,5 km, 3,5 km und 15 km bei Regen, leichtem Nebel bzw. klarer Luft unter Berücksichtigung eines akzeptablen Niveaus von minimaler Bitfehlerrate und Qualitätsfaktor. Die Übertragungsdistanz von 2 km wurde bei klarer Luft durch die hybride Kombination von EDFA-Raman-Verstärker erhöht. Nach dem Vergleich der analysierten Ergebnisse kam man zu dem Schluss, dass die hybride Kombination aus EDFA-Raman-Verstärker die Leistung des DWDM-Systems verbessert und das Signal bis zu 15 km weit übertragen kann, das optische Signal-Rausch-Verhältnis verbessert und die Bitfehlerrate reduziert.

Die hybride Kombination aus EDFA-Raman-Verstärker bietet eine bessere Reaktion als EDFA und Raman-Verstärker. Die Reaktion des EDFA-Verstärkers nach der Verstärkung ist besser als die des Raman-Verstärkers.

Das vorgeschlagene System 4 überträgt erfolgreich 32×5 Gbit/s an Daten bis zu einer Reichweite von 6,5 km bei leichtem Nebel, 5 km bei Regen und 50 km bei klarer Luft mit akzeptablen Bitfehlerraten und Qualitätsfaktoren.

Jeder Kanal überträgt 5Gbps Datenrate. Dieses vorgeschlagene System unterstützt eine Gesamtdatenübertragung von 160Gbps. Das Fasergitter verbessert den Qualitätsfaktor und die Bitfehlerratenfaktoren und verbessert somit die Systemleistung.

KÜNFTIGE AUSRICHTUNG DER ARBEIT

Analyse der Leistung eines DWDM-FSO-Systems unter Verwendung verschiedener Chirp-Funktionen des Fasergitters zur Verringerung des Dispersionseffekts. Dieses System kann für verschiedene Modulationstechniken getestet werden, um die Bitfehlerrate zu reduzieren und den Qualitätsfaktor des Systems zu verbessern.

Zusammenfassung

Heutzutage sind wir auf das Internet angewiesen, um unsere täglichen Aufgaben wie Abrechnungen, Online-Studien, Prüfungen, Videokonferenzen, KI-basierte Prüfungen, Bankgeschäfte und E-Marketing zu erledigen, was ohne Hochgeschwindigkeits-Internet nicht möglich ist. Um dieses Problem zu lösen, habe ich ein DWDM-basiertes FSO-System vorgeschlagen, das eine hohe Datenrate und eine niedrige Bitfehlerrate bietet. Unsere Anforderung, eine größere Anzahl von Nutzern zu verbinden, wird durch diese hybride Kombination aus DWDM- und FSO-Technik ebenfalls gelöst. Es bietet eine hohe Datenrate und benötigt daher weniger Zeit für das Senden von Informationen sowie genaue Daten aufgrund einer geringeren Bitfehlerrate. Dieses vorgeschlagene System kann in Zukunft für den Aufbau eines schnellen Internet-Netzwerks mit geringen Kosten und niedriger Bitfehlerrate verwendet werden.

In dieser Forschungsarbeit wurde die Leistung des vorgeschlagenen Systems durch die Verwendung optischer Verstärkungstechniken verbessert, um einen hohen Qualitätsfaktor, eine niedrige Bitfehlerrate und eine hohe Übertragungsrate zu erreichen. Mein Hauptziel in dieser Forschungsarbeit ist es, die Bitfehlerrate zu reduzieren, den Qualitätsfaktor zu erhöhen und die Übertragungsdistanz zu vergrößern. Das vorgeschlagene System überträgt erfolgreich 32×5 Gbps an Daten bis zu 6,5 km bei leichtem Nebel, 5 km bei Regen und 50 km bei klarer Luft mit akzeptablen Bitfehlerraten und Qualitätsfaktoren.

Referenzen:

[1] "Nielsen's Law of Internet Bandwidth", *Nielsen Norman Group*, 2021. [Online]. Verfügbar: https://www.nngroup.com/articles/law-of-bandwidth/.

[2] I. Ahmed, H. Karvonen, T. Kumpuniemi und M. Katz, "Wireless Communications for the Hospital of the Future: Requirements, Challenges and Solutions", *International Journal of Wireless Information Networks*, vol. 27, no. 1, pp. 4-17, 2019. Verfügbar unter: 10.1007/s10776-019-00468-1.

[3] A. Malik und P. Singh, "Free Space Optics: Current Applications and Future Challenges", *International Journal of Optics*, Bd. 2015, S. 1-7, 2015, doi: 10.1155/2015/945483.

[4] M. A. Esmail, H. Fathallah, und M.-S. Alouini, "Outdoor FSO communications under fog: Attenuation modeling and performance evaluation," *IEEE Photonics J.*, vol. 8, no. 4, pp. 1-22, 2016.

[5] S. Lath, R. Goyal und R. Kaler, "A Review on Free Space Optics with Atmospheric and Geometrical Attenuation", *Journal of Optical Communications*, vol. 37, no. 4, 2016. Verfügbar unter: 10.1515/joc-2016-0009.

[6] S. Zabidi, M. Islam, W. Al-Khateeb und A. Naji, "Analysis of Rain Effects on Terrestrial Free Space Optics based on Data Measured in Tropical Climate", *IIUM Engineering Journal*, vol. 12, no. 5, 2012. Verfügbar unter: 10.31436/iiumej.v12i5.232.

[7] A. Othonos und K. Kalli, "Fiber Bragg Gratings: Grundlagen und Anwendungen in Telekommunikation und Sensorik". 1999.

[8] A. K. Majumdar, "Introduction," in *Optical Wireless Communications for Broadband Global Internet Connectivity*, A. K. Majumdar, Ed. Elsevier, 2019, S. 1-4.

[9] S. Parkash, A. Sharma, H. Singh, and H. P. Singh, "Performance Investigation of 40 GB/s DWDM over Free Space Optical Communication System Using RZ Modulation

Format," *Advances in Optical Technologies*, vol. 2016, pp. 1-8, Feb. 2016, doi: 10.1155/2016/4217302.

[10] D. Malik, G. Kaushik und A. Wason, "Performance Optimization of Optical Amplifiers for High Speed Multilink Optical Networks using Different Modulation Techniques", *Journal of Optical Communications*, vol. 40, no. 4, pp. 333-340, 2019.

[11] S. Kheris und B. Bouabdallah, "Study of the Correction of Effects Chromatic Dispersion and Attenuation to Evaluate the Optical Transmission", *Journal of Optical Communications*, vol. 41, no. 2, pp. 209-214, 2020. Verfügbar unter: 10.1515/joc-2019-0010.

[12] A. Kumar und R. Randhawa, "Investigation of Performance Affecting Parameters on Hybrid Passive Optical Networks", *Journal of Optical Communications*, vol. 41, no. 2, pp. 167-170, 2020. Verfügbar unter: 10.1515/joc-2017-0167.

[13] A. S. Syed, S. R. Geraldin, and P. Geethanjali, "Dispersion Compensation Analysis of Optical Communication Link using FBG," *International Journal Of Engineering Research & Technology (IJERT) NCICCT*, (Ahmedabad), vol. 4, no. 19, 2018.

[14] "DWDM-Kanäle mit Nummern für ITU-T G.694.1 100GHz Spacing C-Band Frequency Grid", *Cbo-it.de*, 2021. [Online]. Verfügbar: https://www.cbo-it.de/en/blog/dwdm-channels-with-numbers-for-itu-t-g-694-1-100ghz-spacing-c-band-frequency-grid.html.

[15] A. Kumar, A. Sharma, and V. K. Sharma, "Optical amplifier: A key element of high speed optical network," in *2014 International Conference on Issues and Challenges in Intelligent Computing Techniques (ICICT)*, 2014, pp. 450-452.

[16] Rani and M. Singh, "Impact of Different Modulation Data Formats on DWDM System Using SOA With Narrow-Channel Spacing," *Journal of Optical Communications*, vol. 40, no. 4, pp. 435-439, 2019.

[17] S. K. Modalavalasa und R. Miglani, "Performance analysis of FSO system for different amplification strategies," in *2020 International Conference on Emerging Smart Computing and Informatics (ESCI)*, 2020, pp. 220-224.

[18] G. Sharma und L. Tharani, "Performance Evaluation of Spectrum Slicing Based WDM FSO Using MZM Modulation," *2018 2nd International Conference on Micro-Electronics and Telecommunication Engineering (ICMETE)*, 2018, pp. 210-214, doi: 10.1109/ICMETE.2018.00054.

[19] A. Mahal und A. Vaish, "Analysis of Wavelength Division Multiplexing (WDM) Links bases Radio over free space Optics," in *2019 Third International Conference on Inventive Systems and Control (ICISC)*, 2019, pp. 679-681.

[20] T. N. Khajwal, A. Mushtaq und S. Kaur, "Performance Analysis of FSO-SISO and FSO-WDM Systems under Different Atmospheric Conditions," *2020 7th International Conference on Signal Processing and Integrated Networks (SPIN)*, 2020, pp. 312-316, doi: 10.1109/SPIN48934.2020.9071116.

[21] S. A. Al-Gailani *et al.*, "A Survey of Free Space Optics (FSO) Communication Systems, Links, and Networks", in *IEEE Access*, Bd. 9, S. 7353-7373, 2021, doi: 10.1109/ACCESS.2020.3048049.

[22] S. V. Kartalopoulos, *Free space optical networks for ultra-broad band services: Kartalopoulos/free space optical networks*. Hoboken, NJ: Wiley-Blackwell, 2011.

[23] A. Anis, C. Rashidi, S. Aljunid und A. Rahman, "Evaluation of FSO System Availability in Haze Condition", *IOP Conference Series: Materials Science and Engineering*, vol. 318, p. 012077, 2018. Available: 10.1088/1757-899x/318/1/012077.

[24] Md. B. Hossain, A. Adhikary, and T. Z. Khan, "Performance Investigation of Different Dispersion Compensation Methods in Optical Fiber Communication," *Asian Journal of Research in Computer Science*, pp. 36-44, Apr. 2020, doi: 10.9734/ajrcos/2020/v5i230133.

[25] D. Killinger, "Free space optics for laser communication through the air", *Opt. Photonics News*, Bd. 13, Nr. 10, S. 36, 2002.

[26] M. Dabiri and S. Sadough, "Performance Analysis of All-Optical Amplify and Forward Relaying Over Log-Normal FSO Channels", *Journal of Optical*

Communications and Networking, vol. 10, no. 2, p. 79, 2018. Available: 10.1364/jocn.10.000079.

[27] K. Dautov, N. Kalikulov und R. C. Kizilirmak, "The Impact of Various Weather Conditions on Vertical FSO Links," *2017 IEEE 11th International Conference on Application of Information and Communication Technologies (AICT)*, 2017, pp. 1-4, doi: 10.1109/ICAICT.2017.8687029.

[28] M. A. Khalighi und M. Uysal, "Survey on Free Space Optical Communication: A Communication Theory Perspective," in *IEEE Communications Surveys & Tutorials*, vol. 16, no. 4, pp. 2231-2258, Fourthquarter 2014, doi: 10.1109/COMST.2014.2329501.

[29] A. B. Mohammad, "Optimization of FSO system in tropical weather using multiple beams," *2014 IEEE 5th International Conference on Photonics (ICP)*, 2014, pp. 109-112, doi: 10.1109/ICP.2014.7002326.

[30] N. Xiaolong, Y. Haifeng, L. Zhi, C. Chunyi, M. Ce und Z. Jiaxu, "Experimental study of the atmospheric turbulence influence on FSO communication system," *2018 Asia Communications and Photonics Conference (ACP)*, 2018, pp. 1-3, doi: 10.1109/ACP.2018.8595720.

[31] P. Colvero, M. C. R. Cordeiro und J. P. von der Weid, "FSO systems: Rain, drizzle, fog and haze attenuation at different optical windows propagation," *2007 SBMO/IEEE MTT-S International Microwave and Optoelectronics Conference*, 2007, pp. 563-568, doi: 10.1109/IMOC.2007.4404328.